高职高专"十三五"规划教材

现代交换技术

赵新颖　主　编

朱　锦　副主编

张惠敏　主　审

U0271187

化学工业出版社

·北京·

本书按照电路交换技术、数据交换技术、软交换技术和光交换技术的顺序进行组织编排，并以 C&C08 程控交换机为例介绍交换系统的结构、硬件配置、软件配置、计费及维护；重点介绍数据交换技术、软交换技术，简要介绍光交换技术及其发展，使学生掌握交换技术理论知识的同时，还能结合程控交换机设备（以 C&C08 为例）掌握硬件配置、软件配置及维护等方面的内容，为今后从事交换机方面的工作打下良好的专业基础。

本书图文并茂，讲述由浅入深，内容系统全面、概念清晰、通俗易懂。

本书可作为高职高专院校通信技术、电子信息类专业，以及其他相关专业的教材或教学参考书，也可作为相关专业工程技术人员的参考用书。

图书在版编目（CIP）数据

现代交换技术/赵新颖主编. —北京：化学工业
出版社，2017.12
高职高专"十三五"规划教材
ISBN 978-7-122-30925-9

Ⅰ.①现… Ⅱ.①赵… Ⅲ.①通信交换-高等职业教育-教材 Ⅳ.①TN91

中国版本图书馆 CIP 数据核字（2017）第 267271 号

责任编辑：潘新文
责任校对：王素芹　　　　　　　　　　　装帧设计：韩　飞

出版发行：化学工业出版社（北京市东城区青年湖南街 13 号　邮政编码 100011）
印　　刷：三河市航远印刷有限公司
装　　订：三河市瞰发装订厂
787mm×1092mm　1/16　印张 12½　字数 310 千字　2018 年 2 月北京第 1 版第 1 次印刷

购书咨询：010-64518888（传真：010-64519686）　售后服务：010-64518899
网　　址：http://www.cip.com.cn
凡购买本书，如有缺损质量问题，本社销售中心负责调换。

定　　价：32.00 元

∋ 前言

　　本书根据当前高等职业教育最新教学改革思想，以培养应用技术型人才为目标，本着实用、好用的原则，按照电路交换技术、数据交换技术、软交换技术和光交换技术的顺序进行组织编排，全书采用理论知识和实践操作相结合的模式编写，以使学生毕业后能较快适应交换技术方面的工作。书中结合C&C08交换机的结构、硬件配置、软件配置，对电路交换技术、数据交换技术、软交换技术和光交换技术进行了详细讲解，重点介绍各种交换技术的特点、应用及组网，使学生掌握交换技术理论知识的同时，还能较快地掌握程控交换机设备的硬件配置、软件配置及维护等方面的内容，达到学以致用，为今后从事交换机方面的工作打下良好的专业基础。

　　本书内容图文并茂，讲述由浅入深，知识点系统全面，概念清晰，通俗易懂。全书共分6章，第1章首先介绍了交换的基本知识及电路交换原理，第2章在第1章的基础上，以典型C&C08交换机为例，介绍了程控交换机系统结构，第3～5章依次由浅入深，分别介绍了程控交换机的硬件配置、软件配置及维护等知识。第6章介绍了数据交换、软交换与光交换技术。

　　本书在各章安排了［本章概要］、［教学目标］，并附有各种类型的复习思考题，以方便学生学习和巩固所学知识。

　　本书第1章由谢丹编写，第2章由赵新颖编写，第3章由朱锦编写，第4章4.1～4.3由朱彦龙编写，4.4～4.6由张卫民编写，第5章由于彦峰编写，第6章由罗坤编写。全书由赵新颖主编，朱锦副主编张惠敏主审。

　　本书可作为高职高专院校通信技术、电子信息类专业以及其他相关专业的教材或教学参考书，也可作为相关专业的工程技术人员的参考用书。

　　由于编者水平有限，书中难免有不妥之处，敬请广大读者批评指正。

编　者

2017.10

➔ 目 录

第6章　数据交换、软交换与光交换　163

第1章

现代交换技术基础

本章概要

本章内容主要从两个方面展开：交换的基本知识和电路交换原理。通过本章的学习，为后面的知识学习奠定基础。

教学目标

1. 了解交换技术的产生和发展
2. 了解交换节点的接续类型及基本功能
3. 了解我国电话网的基本结构，重点掌握电路交换方式和本地电话网的基本结构
4. 掌握电路交换基本原理与功能，重点掌握和熟练分析程控交换机的交换单元与交换网络工作原理

1.1 交换基本知识

1.1.1 交换与通信网

1.1.1.1 通信与通信技术

通信是人与人之间通过某种介质进行的信息交流与传递。从广义上说，无论采用何种方法，使用何种介质，只要将信息从一地传送到另一地，均可称为通信。

通信技术是研究如何将信源产生的信息，通过传输介质，高效、安全、迅速、准确地传送到收信者的技术，而交换技术就是通信技术的核心。

（1）点对点通信系统

国际电联关于电信的定义是：使用有线电、无线电、光或其他电磁系统的通信。

通信的目的是快速而且有效、可靠地传递信息。一个最简单的通信系统是由两个用户终端和连接这两个终端的传输线路所构成的。这种通信系统所实现的通信方式称为点对点通信方式，如图1-1所示。

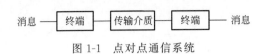

图 1-1　点对点通信系统

通常把信息的发生者称为信源，信息的接收者称为信宿，传播信息的介质称为载体，信源和信宿之间的信息传输途径与设备称为信道。在电信系统中，信息是以电信号或光信号的形式传输的。终端将含有信息的消息，如电报、话音、图像、计算机数据等转换成传输介质能接收的信号形式，同时将来自于传输介质的信号还原成原始消息；传输介质则把信号从一个地点传送至另一个地点。

（2）全互连方式

随着社会生产的发展，人们之间需要进行的信息交流日益增多。当存在多个终端时，要实现其中任意两个终端之间都可以进行点对点通信，最直接的方法是把所有终端两两相连，这种两两相连的通信方式称为全互连方式，如图 1-2 所示。

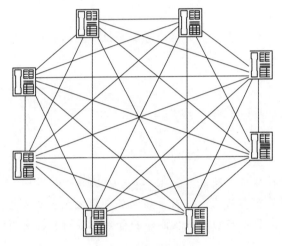

图 1-2　全互联方式

在图 1-2 中，8 个电话终端通过传输线路两两相连，实现了任意终端之间的相互通话。由此可知，当用这种互连方式进行通信且用户终端数为 8 时，每个用户要使用 7 条通信线路，将自己的电话机分别与另外的 7 个电话机相连。此外，每个电话机还需配备一个 7 选 1 的多路选择开关，根据通话的需要选择与不同电话机相连，以实现两两通话。若不使用多路选择开关，则每个用户就要使用 7 个电话终端实现与任意终端的通话。

全互连方式存在下列缺点。

① 线路投资成本高。当存在 N 个终端时需要 $N(N-1)/2$ 条线路。

② 终端设备需要的接口数量多。当存在 N 个终端时，每个终端需要 $N-1$ 条线与其他终端相连，因此需要 $N-1$ 个接口。每增加第 $N+1$ 个终端时，必须增设 N 对线路。

③ 实用化程度低。当 N 值较大且距离较远时，需要大量的传输线路，因此全互连方式无法实用化。

④ 管理维护不方便。由于每个用户处的线路和接口较多，操作使用极不方便，管理、维护也非常困难。

例如，有 100 个用户要实现任意用户之间相互通话，采用两两互连方式，终端数 $N=$

100，则需要的线对数为：$N(N-1)/2=100 \times (100-1)/2=4950$，而且每个用户终端需要配置一个99路的选择开关。

因此，在全互连方式中，线路投资成本高，繁杂的线路架设制约了该技术的发展，且随着用户数的增加和用户之间距离的扩大，网络建设成本迅速膨胀，致使用户的通信需求难以得到满足。在实际使用中，全互连方式仅适合于终端数目较少、地理位置相对集中且可靠性要求较高的场合。

1.1.1.2 交换与交换设备

随着用户数的增加和距离的延长，全互连方式的缺陷会越来越突出。为解决这些问题，可以在用户分布密集的中心处安装一个设备，每个用户都用一条线路（用户线）与该设备相连，如图1-3所示。

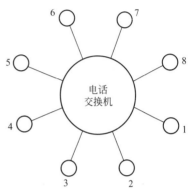

这样任意两个用户需要通话时，主叫方先将通话请求发送给设备，然后由该设备将这个通话请求转发给被叫方，并在设备的内部将它们之间的线路连通，以便双方通信；在通话完毕后，为了释放设备资源，使其能被其他用户使用，主叫方或被叫方会将中断通话的请求发送给设备，然后设备将双方的连接拆除。该设备的作用就是在需要通信的用户之间建立连接，通信完毕拆除连接，这种设备就是电路交换机（Switch）。有了电路交换机，每个用户只需一条线路就可以满足要求。采用这种方式实现多个终端之间互连的方法，使得线路的投资费

图 1-3 交换节点的引入

用大大降低，用户的维护也变得相对简单容易。尽管这种方式增加了交换设备的费用，但是由于交换设备的利用率很高，并且节省了大量的通信线路，所以当终端数量且分布距离较远时，总的投资和管理费用反而会大大降低。交换式通信网的一个重要优点是便于组建大型网络，正是因为这样，该技术一直沿用至今。

1.1.1.3 交换节点的接续类型及基本功能

通信网中通信接续的类型，即交换节点需要控制的基本接续类型主要有4种：本局接续、出局接续、入局接续和转接接续，如图1-4所示。

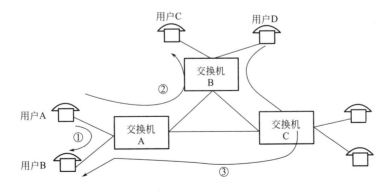

图 1-4 交换节点的接续类型

（1）本局接续

本局接续是只在本局用户之间建立的接续，即通信的主、被叫都在同一个交换局。如图1-4中的交换机 A 的两个用户 A 和 B 之间的接续①就是本局接续。

（2）出局接续

出局接续是主叫用户线与出中继线之间建立的接续，即通信的主叫的本交换局，而被叫在另一个交换局，如图1-4中的交换机 A 的用户 A 与交换机 B 的用户 C 之间建立的接续②，对于交换机 A 来说就是出局接续。

（3）入局接续

入局接续是被叫用户线与入中继线之间建立的接续，即通信的被叫在本交换局，而主叫在另一个交换局，如图1-4中的交换机 A 的用户 A 和交换机 B 的用户 C 之间建立的接续②，对于交换机 B 来说就是入局接续。

（4）转接接续

转接接续是入中继线与出中继线之间建立的接续，即通信的主、被叫都不在本交换局，如图1-4中的交换机 B 的用户 D 和交换机 A 的用户 B 之间建立的接续③，对于交换机 C 来说就是转接接续。

为完成上述的交换接续，可知交换节点必须具备如下最基本的功能。

① 能正确接收和分析从用户线或中继线发来的呼叫信号。

② 能正确接收和分析从用户线或中继线发来的地址信号。

③ 能按目的地址正确地进行选路以及在中继线上转发信号。

④ 能控制连接的建立。

⑤ 能按照所收到的释放信号拆除连接。

1.1.1.4 通信网

通信最基本的形式是在点与点之间建立通信系统，但这不能称为通信网。只有将许多的终端系统通过若干交换系统，按一定拓扑结构组合在一起进行终端之间的相互通信，才能称之为通信网。简言之，通信网是一种使用交换设备、传输设备，将地理上分散的用户终端设备互连起来，实现通信和信息交换的系统。因此它必须具备3个基本要素：交换设备、传输设备和用户终端设备，如图1-5所示。

交换设备是构成通信网的核心要素，它的基本功能是完成接入交换节点链路的汇集、转接和接续，实现一个用户终端呼叫和它所要求的另一个或多个用户终端之间的路由选择和连接，如各种类型的电话交换机。

传输设备用于进行远距离传输信号，包括金属线对、载波设备、微波设备、光缆和卫星设备等。

用户终端设备是用户与通信网之间的接口设备，具备将传送的信息与在传输链路上传送的信息进行相互转换的功能。在发送端，将信源产生的信息转换成适合于传输链路上传送的信号；而在接收端完成相反的交换。

（1）最简单的通信网

最简单的通信网仅由一台交换机组成，如图1-6（a）所示。每个通信终端通过一条专门的用户线与交换机中的相应接口相连，实际中的用户线常是一对绞合的塑胶线，线径在0.4～0.7mm之间。根据电气和电子工程师学会（IEEE）的定义，交换机应能在任意选定的两个

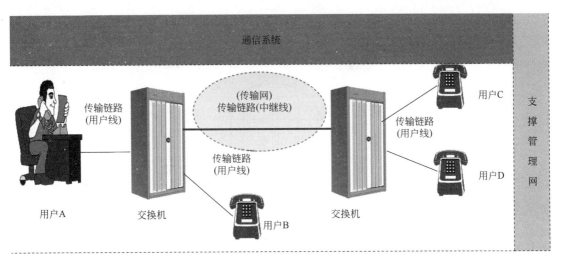

图 1-5　通信网的基本组成

用户线之间建立和释放一条通信线路。也就是说，交换机就是在通信网中，根据用户的需要，在主叫与被叫之间建立连接和拆除连接的设备。

（2）由多台交换机构成的通信网

图 1-6(b) 所示为由多台交换机组成的通信网。直接连接电话机或其他终端的交换机称为本地交换机或市话交换机，相应的交换局称为端局或市话局；在各个交换机中，有一台交换机只与其他交换机相连，而不接终端，这种交换机称为汇接交换机，在远距离传输中又称为长途交换机。如果交换机用在企、事业单位，作为单位内部各用户之间的交换设备，而这些企、事业单位又作为公用电话局的一个用户，把这种交换设备称为用户交换机。用户终端设备至交换设备之间的连线称为用户线路（简称用户线），交换机与交换机之间的连线称为中继线路（简称中继线）。

（3）有关局的概念

一般交换局可分为四类：长途局、汇接局、端局和关口局。

① 长途局　长途局分为 DC1 和 DC2 长途局，DC1 长途局为一级交换中心，DC2 长途局为二级交换中心。DC1 长途局的职能是：汇接所在省（自治区、直辖市）的省际长途来去话务和 DC1 所在本地网的长途终端话务。DC2 长途局的职能是：汇接所在本地网的长途终端话务。长途局均不带普通用户。

对于长途局，铁通在郑州来说分为两个平面：A、B 平面，称 DC1A 是长途局 A 平面，DC1B 是长途局 B 平面，A、B 平面起了负荷分担、相互保护的作用（两个是同时在工作的）。比如说你打一个长途，可能打第一遍是从这个局往外送的，而第二遍就是从另外一个局往外送，它是负荷分担的。如果说这个局瘫了，那它所有的电话都会从另外一个局出去，A、B 两个平面起到一个保护的作用。

A、B 两个平面是在两个机房，如果都在一个机房，如果出问题就都出问题了，铁通支撑中心是 A 平面，B 平面是在铁路分局，打电话时，首先通过 A 还是 B，一般是随机选择的。

② 关口局　关口局主要是完成与其他通信运营商之间通信业务的转接功能，从而实现网间业务的互联互通。关口局均不带普通用户。关口局位于运营商网络的边缘，主要承载不

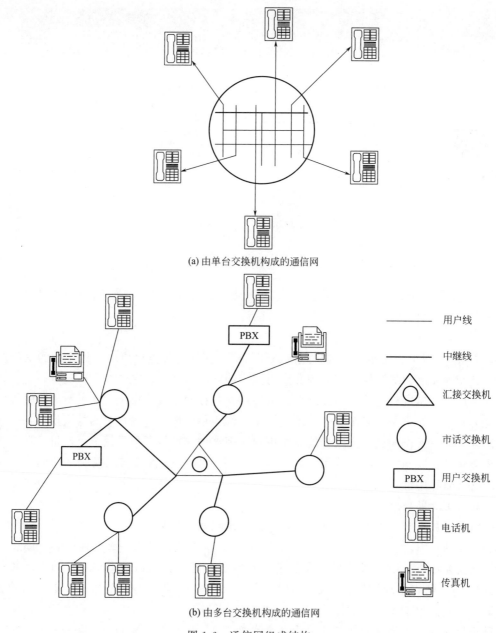

(a) 由单台交换机构成的通信网

———— 用户线

———— 中继线

△ 汇接交换机

○ 市话交换机

PBX 用户交换机

电话机

传真机

(b) 由多台交换机构成的通信网

图 1-6　通信网组成结构

同运营商之间的通信，一般来说关口局也属于广义的汇接局范畴。比如一个网通的用户呼叫一个移动的手机，那么这个呼叫从所在端局出来上到上连的汇接局，然后再经过汇接局的转接送到这个呼叫所经历的最后一个网通的汇接局，那么这个汇接局就是网通的关口局，下一个设备就是移动的交换局了，那么这个移动的交换局也就是移动的关口局。

　　如重庆的移动电话打郑州的铁通，是重庆的移动送到重庆的铁通，然后重庆的铁通通过它的长途局送到郑州铁通的长途局，如图 1-7 所示。

　　③ 汇接局　汇接局又叫市话汇接局，在本地网中负责转接端局之间（也可汇接各端局至长途局）话务的交换中心称为市话汇接局。若有的汇接局还负责疏通用户的来、去业务，

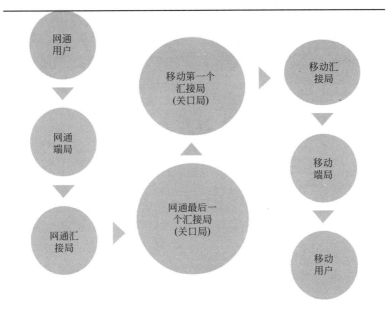

图 1-7 电话拨打流程

即兼有端局功能，则称为混合汇接局。在本地网中市话汇接局为端局的上一级。

④ 端局 本地网中的端局仅有本局交换功能和来、去话功能。端局以下还可以接远端模块、用户小交换机等设备。根据端局设置地点的差异，可以分为市内端局、县（市）及卫星城镇端局，农村乡、镇端局，它们的功能完全一样，并统称为端局。端局直接和用户连接。

1.1.2 交换方式

现代通信网中采用的交换方式主要有电路交换、报文交换和分组交换。从交换原理上看，电路交换是电路传送模式，又称为同步传送模式；报文/分组交换采用的是存储/转发模式，又称为异步转移模式。

1.1.2.1 电路交换

电路交换是指呼叫双方在开始通话之前，必须先由交换设备在两者之间建立一条专用电路，并在整个通话期间由他们独占这条电路，直到通话结束为止的一种交换方式。

电路交换是最早出现的一种交换方式，公众电话网（PSTN 网）和移动网（包括 GSM 网和 CDMA 网）采用的都是电路交换技术。

图 1-8 所示给出了电路交换的工作原理。例如：某信源有 3 个数据块要送到信宿，它首先发送一个"呼叫请求"消息到交换机 1，要求将信息送到目的地（信宿）。交换机 1 根据信宿的地址查找路由表确定将该消息发送到交换机 2，交换机 2 根据同样的方式将该消息发送到交换机 3，然后交换机 3 又将该消息发送到交换机 6，交换机 6 最终将"呼叫请求"消息传送到信宿。如果信宿准备接收这些数据块，它就发出一个"呼叫接受"消息到交换机 6，这个消息通过交换机 3、交换机 2 和交换机 1 送回到信源。然后上述各个交换机在信源

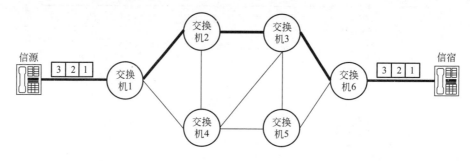

图 1-8　电路交换方式

和信宿之间共同建立一条供信息传输的通路,信源和信宿之间就可以经由这条建立的连接来传送数据块了。此后的每个数据块都经过这个连接来传送,不需要再次选择路由。因此来自信源的每个数据块,穿过交换机 1→2→3→6,而来自信宿的每个数据块穿过交换机 6→3→2→1。数据传送结束后,由任意一端用一个"呼叫释放"消息来终止这一连接。

电路交换的特点如下:电路是一种实时性交换,其基本过程包括呼叫建立阶段、信息传送(通话)阶段和连接释放阶段。在整个通信过程中双方一直占用该电路,适用于实时(全程≤200ms)要求高的话音通信;

在通信前要通过呼叫为主叫、被叫用户建立一条物理连接。如果呼叫请求数超过交换网的连接能力(过负荷),即没有空闲的链接通路,呼叫将被拒绝,通信就不能进行。待通信结束后,还需要根据信令将这条通路拆除;

电路交换所分配的带宽是固定的,在连接建立后,即使无信息传送也要占用信道带宽,所以电路利用率比较低,据统计,传送话音时电路利用率仅为 36%,且在传送信息时,没有任何差错控制措施,因此,电路交换适合于电话交换、文件传送、高速传真等业务,不适合突发(Burst)业务和对差错敏感的数据业务。

1.1.2.2　报文交换

为了克服电路交换中各种不同类型和特性的用户终端之间不能互通、通信电路利用率低以及有呼损等方面的缺点,提出了报文交换的思想。

报文交换又称为消息交换,是以报文作为传送单元,用于交换电报、信函、文本文件等报文消息。这种交换的基础就是存储转发。在这种交换方式中,发方不需先建立电路,不管收方是否空闲,可随时直接向所在的交换局发送消息,交换机将收到的消息报文先存储于缓冲器的队列中。然后根据报文头中的地址信息计算出路由,确定输出线路,一旦输出线路空闲,即将存储的消息转发出去。采用报文交换方式的电信网中的各中间节点的交换设备均采用此种方式进行报文的接收—存储—转发,直至报文到达目的地。

报文交换的基本原理如图 1-9 所示。如果用户 A 要向用户 B 发送信息,A 与 B 之间不需要事先建立连接通路,只需 A 与交换机接通,有由交换机暂时把用户 A 要发送的报文接收和存储起来,交换机根据报文中提供的用户 B 的地址确定报文在交换网络内路由,并将报文送到输出队列上排队,等到该输出线空闲时立即将该报文送到下一个交换机,以此方法,最后送到用户 B。报文交换的主要缺点是其时延大,且时延的变化也大,不利于实时通信;另外报文交换要求有较大的存储容量。

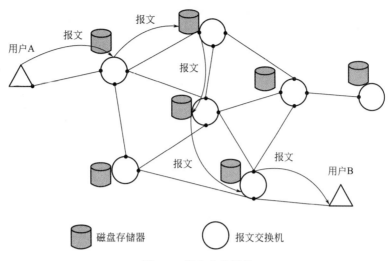

图 1-9　报文交换网络

1.1.2.3　分组交换

在分组交换中，消息被划分为一定长度的分组，每个分组数据加上地址和适当的控制信息等送往分组交换机。与报文交换一样，在分组交换中，分组也采用存储转发技术。两者不同之处在于，分组长度通常比报文长度要短小得多。在交换网中，同一报文的各个分组可能经过不同的路径到达终点，由于中间节点的存储时延不一样，各分组到达终点的先后与源节点发出的顺序可能不同。因此目的节点收齐分组后尚需先经排序、解包等过程才能将正确的数据送给用户。

图 1-10 说明了分组交换是如何实现传送的。例如，信源有 3 个数据块要送到信宿，它会把地址信息附加到数据块内，然后将数据块 1、2、3 一连串地发送给本地交换机 1。交换机 1 将到达的数据块放入存储器中停留很短时间，进行排队处理，根据数据块中的地址信息进行路由选择，一旦确定了目的路由，就很快将数据块输出。假设在对数据块 1、2 进行处理时，交换机 1 得知交换机 2 的队列短于交换机 4，于是它将数据块 1、2 排入到交换机 2 的队列中。但如果在对数据块 2 进行处理时，交换机 1 发现现在到交换机 4 的队列最短，则会将数据块 3 重新排在交换机 4 的队列中。在以后通往信宿路由的各节点上，都做类似的处理。这样，每个数据块虽都有同样的目的地址，但并不一定经过同一路由。由于路由不同，数据块 3 有可能先于数据块 1、2 到达交换机 6。为了正确接收信息，就需要目的交换机重

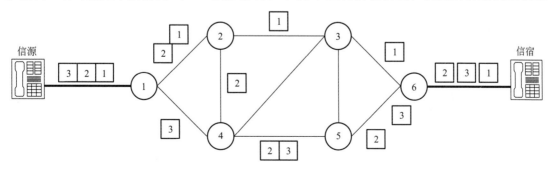

图 1-10　分组交换方式

新对用户数据块进行排序，以恢复它们原来的顺序。

为了便于理解电路交换和分组交换，我们将通信网与直观的交通网比较。交换设备相当于道路交汇处，分组交换相当车辆从甲地到乙地时，在道路交汇处由驾驶员选择线路，只有道路空闲时车辆才能通行。因此在许多道路交汇处需要停靠，在不同质量路段运行速度不一，有时遇见道路拥堵时还要考虑如何绕道走，时效性较差。电路交换相当于直达列车，车辆从甲地到达乙地的线路事先已经确定，并且直达列车运行期间其确定线路其他任何车辆不能使用，从而保持一路畅通，实时性强。

1.1.3 我国电话网的基本结构

我国固定电话网分为本地电话网和长途电话网。端局、汇接局和关口局等共同组成本地电话网。长途局组成长途电话网。1985 年 12 月我国第一个通信网技术体制，即《电话自动交换网技术体制》（试行）由原邮电部正式颁布，明确了我国自动电话网的五级结构。目前，我国电话网的等级结构由 1998 年前的五级逐步演变为三级，长途电话网由四级网演变成二级网。

1.1.3.1 长途电话网

长途电话网简称长途网，由国内长途电话网和国际电话长途网组成。国内电话网在全国各城市间用户进行长途通话的电话网，网中各城市都设一个或多个长途电话局，各长途局间由各级长途电话连接起来，提供跨地区和省区的电话业务；国际长途电话网是指将世界各国的电话网相互连接起来进行国际通话的电话网。为此，每个国家都需设一个或几个国际电话局进行国际去话和来话的连接。

（1）国内长话网

① 传统四级长话网结构。我国电话网的网络等级分为五级，由一、二、三、四级长途交换中心及本地五级交换中心即端局组成，如图 1-11 所示。电话网由长途网和本地网两部分组成。长途网设置一、二、三、四级长途交换中心，分别用 C1、C2、C3 和 C4 表示；本地网设置汇接局和端局两个等级的交换中心，分别用 Tm 和 C5 表示，也可只设置端局一个等级的交换中心。

我国电话网分为 8 个大区，每个大区分别设立一级交换中心 C1（省间中心，又称大区中心），C1 的设立地点为北京、沈阳、上海、南京、广州、武汉、西安和成都，每个 C1 间均有直达电路相连，即 C1 间采用网型连接。在北京、上海、广州设立国际出入口局，用以和国际网连接。每个大区包括几个省（区），每个省（区）设立一个二级交换中心 C2（省中心局，即省会的长话局），负责汇接省（自治区）内的各地区之间的通信中心。各地区设立三级交换中心 C3，位于地区机关所在地，用于汇接本地区之间的通信中心。各县设立四级交换中心 C4 用于汇接本县城镇、农村之间的通信中心。C1～C4 组成长途网，各级有管辖关系的交换中心间一般按星型连接，当两交换中心无管辖关系但业务繁忙时可设立直达路由。C5 为端局，需要时也可设立汇接局，用以组建本地网。

② 二级长途网。目前我国的长途网正由四级向二级过渡，由于 C1、C2 间直达电路的增多，C1 的转接功能随之减弱，并且全国 C3 扩大本地网形成，C4 失去原有作用，趋于消失。

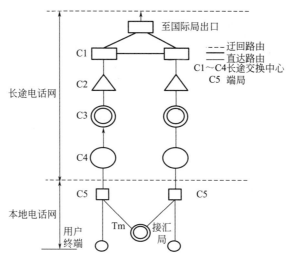

图 1-11　五级电信网络结构

目前的过渡策略是：一、二级长途交换中心合并为 DC1，构成长途二级网的高平面网（省际平面）；C3 被称为 DC2，构成长途二级网的低平面网（省内平面）。长途二级网的等级结构图如图 1-12 所示。

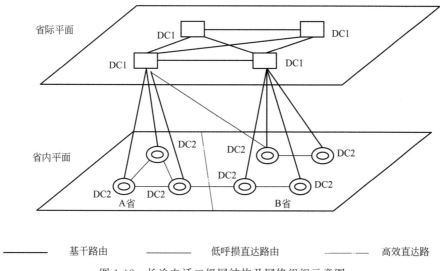

图 1-12　长途电话二级网结构及网络组织示意图

DC1 为一级交换中心（省际交换中心），设在各省会（直辖市）城市，汇接全省（含终端）长途话务。在 DC1 平面上，DC1 局通过基干路由全互联。DC1 局主要负责所在省的省际长话业务以及所在本地网的长话终端业务，也可能作为其他省 DC1 局间的迂回路由，疏通少量非本汇接区的长途转话业务。省会城市一般设两个 DC1 局。

DC2 为二级交换中心（本地网交换中心），设在各省的地（市）本地网的中心城市，汇接本地网长途终端话务。在 DC2 平面上，省内各 DC2 局间可以是全互联，也可以不是，各 DC2 局通过基干路由与省城的 DC1 局相连，同时根据话务量的需求可建设跨省的直达路由。DC2 局主要负责所在本地网的长话终端业务，也可作为省内 DC2 局之间的迂回路由。疏通

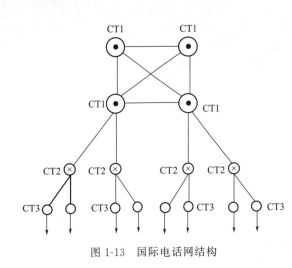

图1-13 国际电话网结构

7个CT1局之间全互联。

少量长途转话业务。

（2）国际长话网

国际长话网是由各国的长话网互联而成。国内长途电话网通过国际局进入国际电话网。原国际电报电话咨询委员会（CCITT，现为ITU-T）于1964年提出等级制国际自动局的规划，国际局分一、二、三级国际交换中心，分别以CT1、CT2和CT3表示，其基干电路所构成的国际电话网结构如图1-13所述。

一级国际中心局CT1在全世界范围内按地理区域进行划分；总共设立7个一级国际中心局，分管各自区域内国家的话务，

二级国际交换中心CT2是为在每个CT1所辖区域内的一些较大国家设置的中间转接局，即将这些较大国家的国际业务或其周边国家国际业务经CT2汇接后送到就近的CT1局。CT2和CT1之间仅连接国际电路。

三级国际中心局CT3设置在每个国家内，连接其国内长话网的国际网关。任何国家均可有一个或多个CT3局，国内长话网经由CT3进入国际长话网进行国际通话。国际长话网中各级长途交换机路由选择顺序为先直达，后迂回，最后选骨干路由。任意CT3局之间最多通过5段国际电路。若在呼叫建立器件，通话双方所在的CT1局之间由于业务忙或其他原因未能接通，则允许经过另外一个CT1局转接，因此这种情况下经过6段国际电路。为了保证国际长话的质量，使系统可靠工作，原CCITT规定通话期间最多只能通过6段国际电路，即不允许经过两个CT1中间局进行转接。

（3）国际电话国内网的构成

目前我国对外设置北京、上海、广州三个国际出入口局。对外设置乌鲁木齐地区性国际出入口局。对某个相邻国家（或地区）话务量比较大的城市可根据业务主管部门的规定设置边境出入口局。地区性出入口局或边境出入口局对相邻国家和地区可设置直达路由，开放点对点的终端业务。地区性出入口局或边境出入口局至其他国家或地区的电话业务应经相关国际出入口局疏通。

我国的三个国际出入口局对国内网采用分区汇接方式。三个国际出入口局之间，以及三个国际出入口局对其汇接区内的DC1之间设置基干路由。在特殊情况下，DC1可与相邻汇接区的国际出入局相连（与相邻会街区的国际出入局设置直达电路群的话务门限值及其开放方向，由电信主管部门的相关文件规定）。三个国际出入口局对其汇接区内的DC2之间视话务情况可设高效直达电路群或低呼损直达电路群。

乌鲁木齐地区性国际出入口局（主要疏通西北方向至中亚、西亚各国的话务）与北京、上海、广州三个国际出入口局之间以低呼损电路群相连。与其汇接区（西北区）内的DC1之间以低呼损电路群相连。

国际出入口局及地区性国际出入口局所在城市的市话端局，可与该国际出入口局之间设置低呼损直达中继群，或经本地汇接局汇接至国际出入口局，以疏通国际电话业务。

1.1.3.2 本地电话网

本地电话网简称本地网，是指在同一个长途电话编号区内，由若干个本地电话端局，或者由若干个本地电话端局与本地汇接局及其连接它们的局间中继线（包括各个本地电话端局和本地汇接局与设置在本长途电话编号区内的长途交换中心之间的中继线）和连接用户终端设备的用户线（或用户接入网）组成的电话网称为本地电话网（以下简称本地网）。如图1-14所示。每个本地网都是一个自动电话交换网，在同一个本地网内，用户相互之间呼叫只需拨本地电话号码。本地网是由市话网扩大而形成的，在城市郊区、郊县城镇和农村实现了自动接续，把城市及其周围郊区、郊县和农村统一起来组成本地网。

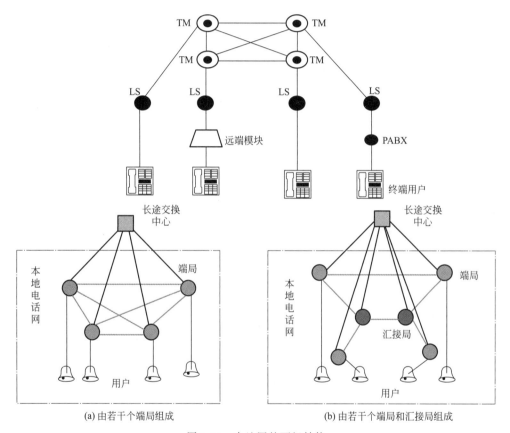

图1-14 本地网的两级结构

TM—本地网中的汇接局；LS—本地网中的端局；PABX—专用自动用户交换局。

（1）本地网的类型

扩大本地网的特点是城市周围的郊县与城市划在同一长途编号区内，其话务量集中流向中心城市。扩大本地网的类型有两种。

① 特大和大城市本地网，以特大城市及大城市为中心，中心城市与所辖的郊县（市）共同组成的本地网，简称特大和大城市本地网。省会、直辖市及一些经济发达的城市如深圳组建的本地网就是这种类型。

② 中等城市本地网，以中等城市为中心，中心城市与该城市的郊区或所辖的郊县（市）共同组成的本地网，简称中等城市本地网。地（市）级城市组建的本地网就是这种类型。

（2）本地网的交换中心及职能

本地网中的端局（LS）是本地网中的第二级交换中心，仅有本局交换功能和来、去话功能。端局直接与用户连接。根据组网需要，端局以下还可接远端用户模块、用户集线器、PABX 等用户装置。根据端局设置地点的差异，可分为市内端局，县（市）及卫星城镇端局，农村乡、镇端局。它们的功能完全一样，并统称为端局。

在本地网中负责转接端局之间（也可汇接各端局至长途局间）话务的交换中心称为汇接局（TM）。TM 是 LS 的上级局，是本地网中的第一级交换中心。若有的汇接局还负责疏通用户的来、去话务，即兼有端局职能，则称为混合汇接局（DTm/DL）在本地网中汇接局是端局的上级局。

1.2 电路交换原理

1.2.1 电路交换的基本原理与功能

前面已经提及，电路交换方式是指两个用户在相互通信时使用一条物理链路，在通信过程中自始至终使用该条链路进行信息传输，同时不允许其他用户终端设备共享该链路的通信方式。

1.2.1.1 电路交换的基本原理

在电路交换过程中，主叫终端发出呼叫请求，交换机根据网络的资源情况，按照主叫的要求连通被叫终端，检测被叫终端状态，并征求被叫用户意愿。如果被叫用户同意接受呼叫，交换机就在主、被叫之间建立一条连接通路，供通信双方传送消息，该连接通路在通信期间始终保持，直到通信结束才释放建立的连接。

1.2.1.2 电路交换系统的基本功能

电路交换系统中两个用户终端间的每一次成功的通信都包括严格的三个阶段：呼叫建立、传送信息、呼叫拆除。在不同的阶段，用户线或中继线中所传输的信号的性质是不同的，在呼叫建立和释放阶段，用户线和中继线中所传输的信号称为信令，而在消息传输阶段的信号称为消息。下面是一个完整呼叫的电话交换过程。

（1）呼叫建立

用户摘机，向交换机发出通信请求信令，交换机向用户送拨号音，用户拨号，告知所需被叫号码，如果被叫用户与主叫用户不属于一个交换机，则由主叫方交换机通过中继线向被叫方交换机或中转汇接交换机发电话号码信令，如被叫空闲，向被叫振铃。

各交换机在相应的主、被叫用户线之间建立起一条用于用户通信的通路。

（2）消息传输

主、被叫终端间通过用户线及交换机内部建立的通路和中继线进行通信。

（3）话终释放

任何一方挂机表示向本地交换机发出终止通信的信令。使通路涉及的各交换机释放其内部链路和占用的中继线，供其他呼叫使用。在早期的电路交换中，不同的阶段，用户线或中继线中所传输的信号的性质是不同的，在呼叫建立和释放阶段，用户线和中继线中所传输的信号称为信令，而在消息传输阶段的信号称为消息。电路交换的基本过程如图 1-15 所示。

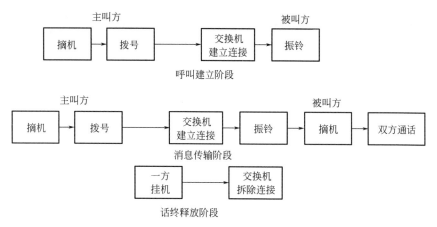

图 1-15　电路交换的基本过程

电路交换采用在终端之间建立连接通路后才能通信，如用户有呼叫请求，但因网络中无空闲路由或被叫占线，则会造成呼叫失败，称为呼损。在电路交换技术中，交换系统的基本功能应包含连接、信令、终端接口和控制四大功能。

（1）连接功能

连接功能是为了实现通信双方语音信号的交换。对于电路交换而言，呼叫通话的用户之间建立一条通路，这就是连接功能。连接功能由交换机中的交换网络实现。交换网络可在处理机控制下，建立任意两个终端之间的连接。

（2）信令功能

在呼叫建立的过程中，要求交换设备能随时发现呼叫的到来和结束；向主、被叫发送各种用于控制接续的可闻信号音；能接收并保存主叫发送的被叫号码。

（3）终端接口功能

接口是为了连接不同种类和性质的终端设备。用户线和中继线均通过端接口而接至交换网，终端接口是交换设备与外界连接的部分，又称为接口设备或接口电路。终端接口功能与外界连接的设备密切相关，因而，终端接口的种类也很多，主要划分为中继侧接口和用户侧接口两大类。终端接口还有一个主要功能就是与信令的配合，因此，终端接口与信令也有切的关系。

（4）控制功能

控制功能是为了检测是否存在空闲通路以及被叫的忙闲情况，控制各电路完成接续。连接功能和信令功能都是按接收控制功能的指令而工作的。人工交换机由话务员控制，程控交换机由处理机控制。控制功能可分为低层控制和高层控制。低层控制主要是指对连接能和信令功能的控制。连接功能和信令功能都是由一些硬件设备实现的。因此低层控制实际上是指与硬牛设备直接相关的控制功能，概括起来有两种：扫描和驱动。扫描用来发现外部事件的发生或信令的到来。驱动用来控制通路的连、信令的发送或终端接口的状态变化。高层控制则是指与硬件设备隔离的高一层呼呼叫控制，例如，对所接收的号码进行数字分析，在交换网络中选择一条空闲的通路等。

1.2.2 程控交换机的交换单元与交换网络

1.2.2.1 交换单元与交换网络的基本概念及功能

交换单元是构成交换网络的最基本部件，主要实现交换功能，即在任意的入线和出线之间建立连接，或者说是将入线上的信息传递到出线上去。交换网络是将若干个交换单元按照一定的拓扑结构和控制方式构成的，是交换系统的核心。

1.2.2.2 程控交换机的分类

我们知道，程控交换分为空分程控和数字程控，其中程控空分交换机的接续网络（或交换网络）采用空分接线器（或交叉点开关阵列），且在话路部分中一般传送和交换的是模拟语音信号，因而习惯称为程控模拟交换机，这种交换机不需要进行语音的模数转换，用户电路简单，因而成本低，目前主要用作小容量模拟用户交换机，本节不做详细介绍。

程控数字交换机的根本任务是要通过数字交换来实现任意两个用户之间的语音交换，即要在这两个用户之间建立一条数字语音通道。最简单的数字交换方法就是给每个用户分配一个不同于其他用户的固定时隙，在这个固定的时隙上，周期地传递该用户的语音信息。例如，A 用户占据的是 TS_1 时隙，则 A 用户的语音信息就将每隔 $125\mu s$（话音信号抽样频率为 8kHz，抽样周期为 $125\mu s$）在 TS_1 时隙内以数字信号的方式向交换网络传递一次。由交换网络传送给 A 用户的语音信息也将每隔 $125\mu s$ 时间在 TS_1 时隙内送给 A 用户。所以 TS_1 时隙就是固定给 A 用户使用的话路，无论是发话还是受话，均使用这个 TS_1 时隙的时间。A、B 两用户信息交换过程如图 1-16 所示。

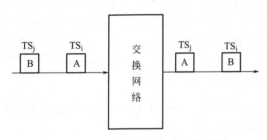

图 1-16 A、B 两用户信息交换过程

在实际的数字交换网络中，仅仅依靠时隙交换实现电话交换局的任务是不现实的，必须结合空间交换来扩大其容量。因此数字交换网络包括时分接线器和空分接线器两种基本部件，分别用于完成时间交换和空间交换。

1.2.2.3 基本的时分交换部件

（1）时分接线器

时分接线器又称时分交换单元、时间接线器，简称 T 接线器。它的功能是用来完成在同一条复用线（HW）上的不同时隙之间的交换。也就是将 T 接线器中输入复用线上某个时隙的内容交换到输出复用线上的指定时隙中。T 接线器主要由语音存储器（SM）和控制存储器（CM）组成，如图 1-17 所示。语音存储器（SM）主要用来暂时存储编码后的语音信息，又称为"信息存储器"或"缓冲存储器"；控制存储器（CM）用来寄存语音时隙地址，又称为"地址存储器"。

由于 SM 用来暂存数字编码的话音信息，而每个话路时隙有 8 位编码，故 SM 的每个单元应至少具有 8 比特。SM 的容量，也就是所含的存储单元数应等于输入复用线上的时隙数。假定输入复用线上有 512 个时隙，则 SM 要有 512 个单元。

CM 的容量通常等于 SM 的容量。但 CM 每个存储单元只需存放 SM 的地址码（SM 单元数编号），CM 地址码位数由 PCM 复用线每帧内的时隙数决定。

例如，PCM 复用线每帧有 32 个时隙，则 SM 存储单元数（地址数）为 32，CM 的存储单元数也 32；SM 每个存储单元的位数为 8，CM 每个存储单元的位数为 5（32＝2^5）。

根据时间接线器的话音存储器受控制存储器的控制方式不同，可分为：顺序写入，控制读出，简称为输出控制；控制写入，顺序读出，简称为输入控制。

输出控制方式的 T 接线器是"顺序写入、控制读出"的，如图 1-18 所示，其中 SM 的写入是在定时脉冲控制下顺序写入，是时钟的连续关系，可由递增计数器来控制；其输出是在相应的时间（时隙），按 CM 中已写入的内容来控制 SM 的读出。SM 中每个存储单元内存入的是发话人的话音信息编码，通常是 8 位编码，CM 每个单元所存的内容是由处理机控制写入的。

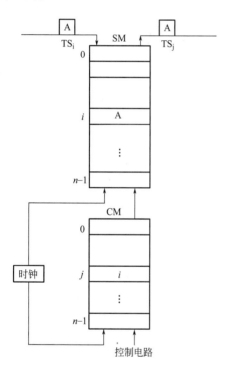

图 1-17　时分接线器结构

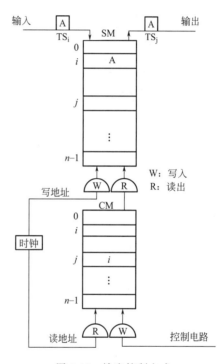

图 1-18　输出控制方式

输入控制方式的 T 接线器是"控制写入、顺序读出"的，如图 1-19 所示，它的话音存储器 SM 的写入受控制存储器控制，它的读出则是在定时脉冲的控制下顺序读出。

例如，对于 1 条 PCM，有 32 个时隙。假如主叫用户 A 占用 TS_1 时隙，被叫用户 B 占用 TS_{17} 时隙，要求 A 和 B 进行通话，在 A 讲话时，就应把 TS_1 的语音信息交换到 TS_{17} 中去，试采用读出控制方式和写入控制方式实现 A 和 B 通话过程。

读出控制方式：在时钟脉冲控制下，当 TS_1 时刻到来时，将入线 TS_1 中的语音信息顺序写入 SM 内地址为 1 的存储单元内；由于此 T 接线器的读出是受 CM 控制的，而 B 用户要到 A 用户的信息，这时就由处理机在 CM 中的第一 7 个单元写入地址"1"，当 TS_{17} 到来时，出线根据 CM 中地址为 17 的单元里的内容"1"，从 SM 第一个单元中取出语音信息，完成交换。这样就完成了把 TS_1 中的语音信息交换到 TS_{17} 中去的任务，如图 1-20 所示。

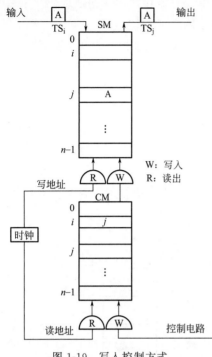

图 1-19　写入控制方式

写入控制方式：当中央处理机得知主叫用户 A 和被叫用户 B 要进行通话要求后，将向 T 接线器的 CM 内地址为 1 的存储单元内写入"17"；向 CM 内地址为 17 的存储单元内写入"1"。当 TS_1 时隙到来，根据 CM 地址为 1 的单元内写的信息"17"，数据输入线 TS_1 的内容写入 SM 地址为 17 的存储单元中，同时 SM 地址为 1 的内容被读取；同理，当 TS_{17} 时隙到来，数据输入线 TS_{17} 的内容写入 SM 地址为 1 的存储单元，同时 SM 地址为 17 的内容送到输出的数据线上。这样就完成了把 TS_1 中的语音信息交换到 TS_{17} 中去的任务。

对于输入为 n 条 PCM 时，为了在 T 接线器上实现时隙交换，就要采用 T 复用和分路的方法。在实际的数字交换系统中，为达到一定的容量要求，在条件允许的条件下，要尽量提高 PCM 复用线的复用度。时分接线器的交换容量主要取决于组成该接线器的存储容量和速度，以 8 端或 16 端 PCM 交换来构成一个交换单元，每一条 PCM 线称为 HW 线。

图 1-21 是 8 端脉码输入输入的 T 接线器方框图，由复用器、话音存储器、控制存储器和分路器等组成。T 接线器输入端由 8 条 PCM 组成，所以它的 SM 共有 $8 \times 32 = 256$ 个存储单元。T 接线器的 CM 单元数目和 SM 的单元数目相同。8 个输入端的数据线输入数据，经过复用器送到话音存储器，从话音存储器处理的话音信

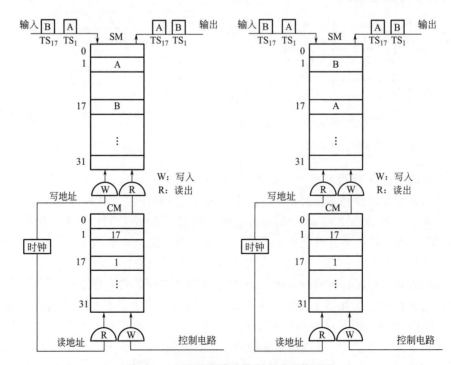

图 1-20　T 接线器读出控制方式工作原理

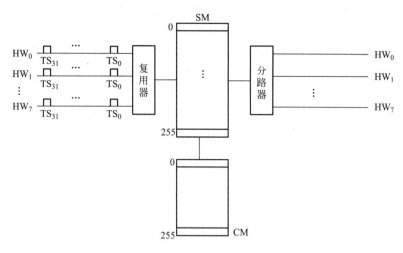

图 1-21 8 输入 T 接线器

息，经过分路器送到各处 PCM。

其中 HW_0-TS_0 对应总时隙 TS_0，HW_1-TS_0 对应总时隙 TS_1，…HW_0-TS_1 对应总时隙 TS_8，…HW_7-TS_{31} 对应总时隙 TS_{255}。这里总时隙指的是 SM 输入端、复用器输出端的时隙，总时隙 TS 号＝HW 线时隙号×8＋HW 号。

（2）空分接线器

空分接线器又称为空分交换单元或空间接线器，简称 S 接线器，其作用是完成不同 PCM 复用线之间同一时隙的信码交换。即将某条输入复用线上某个时隙的内容交换到指定的输出复用线的同一时隙中去。

空分接线器由电子交叉矩阵和控制存储器（CM）组成，如图 1-22 所示。

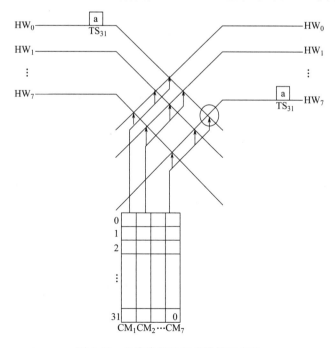

图 1-22 S 接线器的组成结构示意图

图 1-22 所示为 8×8 的电子交叉矩阵，它有 8 条输入复用线和 8 条输出复用线，每条复用线上有 32 个时隙。每条输入复用线可以通过交叉点选择到 8 条输出复用线中的任一条，但这种选择是建立在一定的时隙基础上的。因此对应于一定出/入线的交叉点是按一定时隙做高速启闭的。从这个角度看，S 接线器是以时分方式工作的。各个电子交叉点在哪些时隙应闭合，在哪些时隙应断开，是由 CM 控制的。

空分接线器控制存储器的作用是对电子交叉矩阵上的交叉点进行控制，按照 S 接线器 CM 的配置形式，其工作方式可分为输入控制和输出控制，如图 1-23 所示。

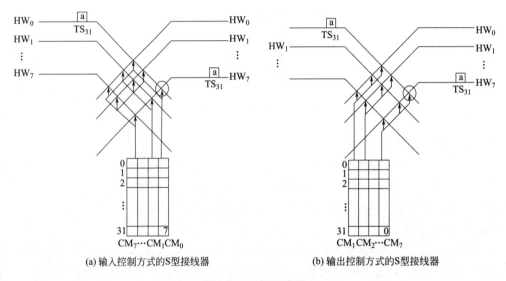

(a) 输入控制方式的 S 型接线器　　　　(b) 输出控制方式的 S 型接线器

图 1-23　S 型接线器

输入控制方式对应于每一条入线都配有一个 CM，由这个 CM 控制入线上每个时隙接通到哪一条出线上。CM 中写入的内容是输出复用线的编号。CM 的存储单元数等于每条输入复用线上的时隙数，CM 每个单元需要的位数则决定于输出复用线的多少。例如，每条复用线上有 32 个时隙，交叉点矩阵是 4×4，则要配 4 个 CM，每个 CM 有 32 个单元，每个单元有 2 位，可以选择 4 条出线。

例如，将入线 HW$_0$ 上的 TS$_{31}$ 信息送到出线 HW$_7$ 上，如图 1-23（a）所示。其交换原理是：CM$_0$ 的 1 单元中由处理机控制写入了 7，表示第 0 条输入复用线在第三 1 个时隙到来时，与第 7 条输出复用线的交叉点接通，即在 TS$_{31}$ 开关闭合。

输出控制方式对应每一条输出用线有一个 CM，由这个 CM 控制其对应的出线上各个时隙依次与哪些入线接通。在该方式中，CM 中写入的内容是输入复用线的编号。CM 的存储单元数等于每条输复用线上的时隙数，CM 每个单元需要的位数则决定于输入复用线的多少。例如，每条复用线上有 128 个时隙，交叉点矩阵是 8×8，则要配 8 个 CM，每个 CM 有 128 个单元，每个单元有 3 位，可以选择 8 条入线。

图 1-23（b）中，CM$_7$ 的第三 1 单元中由处理机控制写入了 0，表示第 7 条输出复用线在第三 1 个时隙到来时，与第 0 条输入复用线的交叉点接通，开关闭合。

1.2.2.4　交换网络

交换网络是由若干个交换单元按照一定的拓扑结构和控制方式构成的网络。对于一个大的交换网络，单级的 T 型接线器或者 S 型接线器都不可能实现。由于 T 型时间接线器只能完成时隙的交换，而空间接线器只能完成空间的交换，只有把二者结合起来，才能够既实现空间交换，又实现时隙交换，同时还能够增加交换容量。现在常见的是三级的交换网络，即 T-S-T 和 S-T-S。

T-S-T 交换网络是一种在程控数字交换机中得到广泛应用的交换网络结构，如图 1-24 所示。T-S-T 交换网络是由输入级 T 接线器（TA）、输出级 T 接线器（TB）和中间级 S 接线器组成。根据控制方式的不同，可以分为读写控制方式和写读控制方式。

当 T 接线器的输入级是读出控制方式，输出级是写入控制方式时，称为读写控制方式。图 1-24 为读写控制方式的 T-S-T 交换网络结构图，在输入级是一个读出控制的 T 接线器。它有 8 个输入的接线器，每个 T 接线器有一条 PCM 复用线（HW），每线包含 32 个时隙（即复用度为 32），实际上由于经交换机终端进行复用及串/并变换，HW 线上的时隙数可能更高。每个 T 接线器配置一个 SM 和 CM，由于输入线复用度为 32，因此，SM 和 CM 的单元数为 32。SM 的每个存储单元分别对应 32 个时隙；CM 的 32 存储单元分别对应 SM 的存储地址，其内容是由处理机写入。在输出级是一个写入控制的 T 接线器，也是有 8 个输出的接线器，每个 T 接线器也是有一条 PCM 复用线（HW），每个 T 接线器也是配置一个存

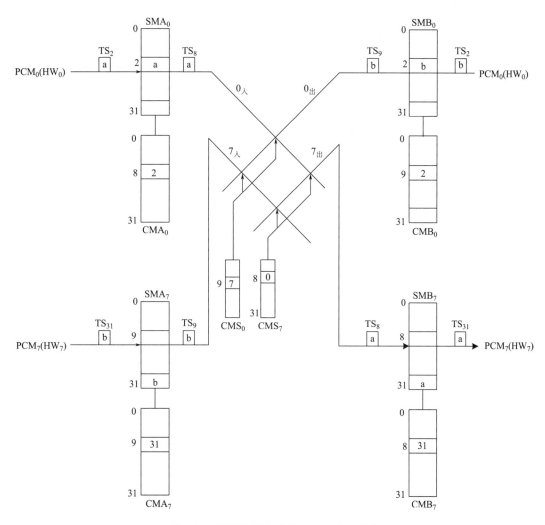

图 1-24　读写控制方式的 T-S-T 交换网络

储容量为 32 个单元的 SM 和 CM；中间是一个输出控制的容量为 8×8 的 S 接线器，S 接线器的出/入线分别对应连接到两侧的 T 接线器。在 S 接线器上的时隙是由 CPU 任意选择的，它和 T 接线器的时隙的选择没有必然的联系，两者可以独立选择。由于它的选择是任意的，与输入和输出端的 T 接线器无关，所以它也称为内部时隙。为了选择方便，对于内部时隙的选择一般是同时选择，收发选择具有一定的关系，最常用的有两种：奇偶关系和相差半帧关系。

如果输入接线器的时隙为 TS_i，输出接线器的时隙选择为 TS_{i+1}，也就是主叫用户的时间和被叫用户的时隙相差一个时隙。

现以 PCM_0（HW_0）上的时隙 2（主叫用户 A）与 PCM_7（HW_7）上的时隙 31（被叫用户 B）交换为例，来说明 T-S-T 网络的工作原理。因数字交换机中通话路由是四线制的，因此，应建立 A→B 和 B→A 两条路由。

先看 A→B 方向。首先，CPU 在收到主叫用户的要求通话的信息后，选择了两个空闲的内部时隙，也就是 TS_8 和 TS_9。假设 A→B 方向选择内部时隙为 TS_8，则 TS_9 为 B→A 方向的内部时隙。CPU 在地址为 8 的输入级控制存储器 CMA_0 的单元写入 2，表示在读出时要读地址为 2 的话音存储单元的内容；CPU 在地址为 9 的输出级控制存储器 CMB_0 的单元写入 2，表示在写入时要写到地址为 2 的话音存储单元。CMS_7 的单元 8 中写入 0。于是 PCM_0 时隙 2 的用户信息 a 按顺序写入到 SMA_0 的单元 2 中，当输出时隙 8 到来时，存入的用户信息 a 就被读出送到 S 接线器。在 S 接线器中，由于在 CMS_7 的单元 8 中写入 0，所以在内部时隙 8 所对应的时刻，第 8 条（编号 7）输出线与第一条（编号 0）输入线的交叉点接通，于是用户信息 a 就通过 S 接线器在 CMB_7 的控制下于时隙 8 输入 SMB_7 的单元 31 中，当输出时隙 31 到来时，存入的用户信息 a 将被顺序读出，送到输出线 PCM_7 上，完成了交换连接。

再看 B→A 方向。CPU 在地址为 9 的输入级控制存储器 CMA_7 的单元写入 31，表示在读出时要读地址为 31 的话音存储单元的内容；CPU 在地址为 8 的输出级控制存储器 CMB_7 的单元写入 31，表示在写入时要写到地址为 31 的话音存储单元。CMS_0 的单元 9 中写入 7。于是 PCM_7 时隙 31 的用户信息 b 按顺序写入到 SMA_7 的单元 31 中，当输出时隙 9 到来时，存入的用户信息 b 就被读出送到 S 接线器。在 S 接线器中，由于在 CMS_0 的单元 9 中写入 7，所以在内部时隙 9 所对应的时刻，第一条（编号 0）输出线与第 8 条（编号 7）输入线的交叉点接通，于是用户信息 b 就通过 S 接线器在 CMB_0 的控制下于时隙 9 输入 SMB_0 的单元 2 中，当输出时隙 2 到来时，存入的用户信息 b 将被顺序读出，送到输出线 PCM_0 上，完成了交换连接。

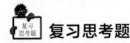 **复习思考题**

一、填空题

1. 全互连方式中，当存在 N 个终端时需要_____条线路。

2. 电路交换机的作用就是_____。

3. 通信网中通信接续的类型主要有 4 种，分别为_____、_____、_____和_____。

4. 通信网的三个基本组成要素为_____、_____和_____。

5. _____是用户与通信网之间的接口设备。

6. 目前我国对外设置____、____、____三个国际出入口局。对外设置____地区性国际出入口局。

7. 国际长途号码由两部分组成，即_____和_____。中国国家号码为_____，国际长途全自动拨号的号码总长度不超过____位。

8. _____是构成交换网络的最基本部件，主要实现_____功能。_____和_____是交换网络中最基本的交换单元。

9. 时分接线器是用来完成在同一_____上的不同____之间的交换。

10. S型接线器主要由_____和_____组成。

二、选择题

1. 入局接续的主叫在（　　），被叫在（　　）。

A. 本交换局，本交换局　　　　　　　B. 本交换局，另一个交换局

C. 另一个交换局，本交换局　　　　　D. 另一个交换局，另一个交换局

2. 用户终端设备至交换设备之间的连线称为（　　）线，交换机和交换机之间的连线称为（　　）线。

A. 用户，传输　　　B. 传输，用户　　　C. 用户，中继　　　D. 中继，用户

3. 若输入输出时分复用线的时隙数为256，则语音存储器和控制存储器的容量均为（　　），语音存储器的位数为（　　），控制存储器的位数为（　　）。

A. 256,8,8　　　B. 256,8,9　　　C. 512,8,8　　　D. 512,8,9

4. 根据时间接线器的话音存储器受控制存储器的控制方式不同，可分为输出控制方式，即（　　）和输入控制方式，即（　　）。

A. 顺序写入，顺序读出；控制写入，控制读出

B. 控制写入，控制读出；顺序写入，顺序读出

C. 顺序写入，控制读出；控制写入，顺序读出

D. 控制写入，顺序读出；顺序写入，控制读出

5. TST交换网络的内部时隙共有1024个，当采用反向法时，选定正向通路的内部时隙为892时，其反向通路的内部时隙为（　　）。

A. 1404　　　　B. 380　　　　C. 1916　　　　D. 132

三、判断题

1. 电路交换是一种面向连接的、支持实时业务的交换技术。　　　　　　（　　）

2. S型接线器能实现同一HW线上不同时隙的交换。　　　　　　　　　（　　）

3. SM主要用来暂时存储编码后的语音信息，CM用来寄存语音时隙地址。　（　　）

4. 输出控制方式的空间接线器，每个控制存储器对应一条输入线。　　　（　　）

5. 在T-S-T网络中，输入级T接线器采用入控制方式不如采用出控制方式好。　（　　）

四、简答题

1. 简述一个完整呼叫的电话交换过程。

2. 什么叫呼损？

3.数字交换网络的基本功能是什么?

4. T接线器有哪两种工作方式?

5.话音存储器的存储单元数量及地址条数与PCM线的时隙数有何关系?

五、综合题

1.有一S接线器,有8条输入母线和8条输出母线,编号为0~7。每条输出母线上有128时隙。现在要求在时隙6将0#入线和7#出线接通,时隙12将7#入线和1#出线接通,试画出此S接线器结构,并就输入控制和输出控制两种情况在控制存储器的相应存储单元中根据需要填上相应输入。

2.有一T接线器,设话音存储器有512个单元,现要进行时隙交换 TS5→TS20。试分输入控制和输出控制两种情况在话音存储器和控制存储器相应的存储单元中填入适当数字。

3.如图1-25所示TST交换网络,有3条输入母线和3条输出母线,每条母线有1024个时隙,现要进行以下交换:输入母线3 TS12→内部时隙TS38→输出母线2 TS5。问:

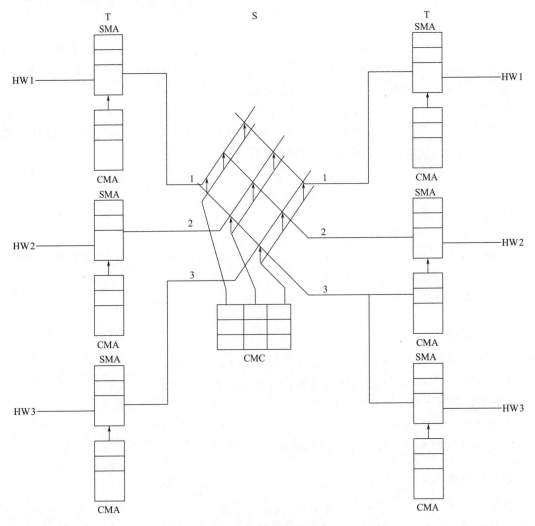

图 1-25　题五-3 图

（1）SMA，SMB，CMA，CMB，CMC 的容量各是多少？

（2）分以下四种情况分别写出在上述存储器中哪一号单元应填上什么数。

SMA	SMB	S 接线器
输 入 控 制	输 出 控 制	输 入 控 制
输 入 控 制	输 出 控 制	输 出 控 制
输 出 控 制	输 入 控 制	输 入 控 制
输 出 控 制	输 入 控 制	输 出 控 制

（3）用反相法画出反方向路由和各存储器内容（包括以上各种情况）。

4. TST 交换网络，其中输入级有 16 个 T 接线器，输出级有 16 个 T 接线器，输入级每一个接线器有 8 个输入端，每一个输入端有 1 条 PCM。每一个输出级的 T 接线器有 8 个输出端，每一个输出端输出 1 条 PCM。主叫用户占用 HW0 的 TS8，被叫占用 HW127 的 TS17，中间时隙任意选择。中间的 S 接线器是输入控制方式。T 接线器采用写读控制方式。

（1）SMA、SMB、CMA、CMB 的容量是多少？

（2）画出上述控制方式的原理图，并在相应的存储器中填入适当的数字。

第 2 章

程控交换机及C&C08交换机系统结构

本章概要

本章讲述程控交换机及 C&C08 交换机系统结构，主要从四个方面进行：程控交换机的基本结构、数字程控交换机的性能指标、C&C08 交换机系统结构和 C&C08 交换机中 SM 模块。通过系统学习，对本章所学内容有一个整体认识。

教学目标

1. 熟悉程控交换机的基本结构，重点掌握模拟用户电路 BORSCHT 七大功能，并理解掌握控制系统的工作方式
2. 理解数字程控交换机处理性能的三个指标，并会计算呼叫处理能力
3. 在熟练掌握 C&C08 交换机的硬件层次结构基础上，掌握各模块的主要功能
4. 认识 SM 设备机柜及其各板件，了解掌握 DTM 数字中继板及 ASL 用户板

2.1 程控交换机的基本结构

2.1.1 数字程控交换机总体结构

程控数字交换机的基本结构分为控制子系统和话路子系统，如图 2-1 所示。

话路子系统主要由交换网络和接口电路组成。交换网络由"时分接线器"或"时分接线器与空分接线器组合"构成，时分接线器与空分接线器由 CPU 送控制命令驱动。交换网络的任务是实现各入、出线上信号的传递或接续。接口电路分为用户接口、中继接口和操作管理维护接口。接口的作用是将来自不同终端（电话机、计算机等）或其他交换机的各种信号转换成统一的交换机内部工作信号，并按信号的性质分别将信令送给控制系统，将业务消息送给交换网络。

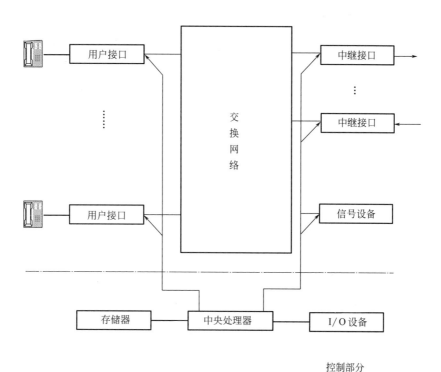

图 2-1 程控数字交换机总体结构

控制子系统由处理机、存储器和输入/输出（I/O）设备构成。处理机执行交换机软件，指挥硬件、软件协调动作；存储器用来存放软件程序和有关数据。

控制子系统的主要作用是实现交换机的控制功能。概括而言，控制功能可分为呼叫处理功能和运行维护功能两部分。呼叫处理功能包括对从建立呼叫到释放呼叫整个呼叫过程的控制处理；运行维护功能则包括对用户数据、系统数据的设定以及对故障的诊断处理等。存储器用来存储程序和数据，可进一步分为程序存储器和数据存储器。

2.1.2 数字程控交换机硬件结构

数字程控交换机的硬件组成如图 2-2 所示。

2.1.2.1 话路子系统

话路子系统由中央级交换网络、用户级交换网络、各种接口电路以及信号音收发设备组成。其中，中央级交换网络部分已作介绍，这里重点介绍其他三个部分。

（1）用户级交换网络

用户级包括用户模块和远端用户模块。用户级主要完成话务量集中和话音编译码的功能。话务量的集中可以提高用户线的利用率。数字程控交换机的交换网络交换的是数字信号，而从用户线传送来的信号是模拟信号，因此需在用户级中完成模/数（A/D）转换，才可进入交换网络，从交换网络中送出的信号也必须经过数/模（D/A）转换才能进入用户线。

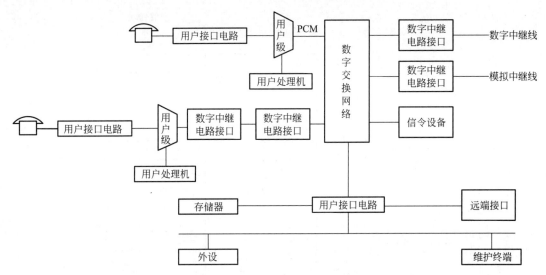

图 2-2　数字程控交换机的硬件组成

用户级交换网络既可以是空分方式，也可以是时分方式。编译码功能可以在用户集中以前进行，也可以在集中之后进行。

远端用户模块与局内用户模块的功能相似，主要区别是远端用户模块通过数字中继电路与选组级相连，而用户模块是通过 PCM 中继电路与选组级相连。

（2）接口电路

接口电路是数字程控交换机与用户以及与其他交换机相连的物理连接部分。它的作用是完成外部信号与数字程控交换机内部信号的转换。具体的接口类型如图 2-3 所示。

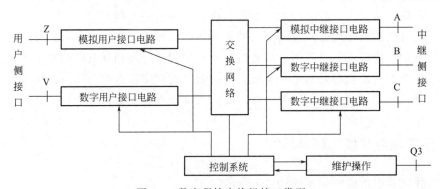

图 2-3　数字程控交换机接口类型

用户接口电路是用户通过用户线与数字程控交换机相连的接口电路。由于用户线和用户终端有数字和模拟之分，所以用户接口电路也有数字与模拟之分。

模拟用户接口又称 Z 接口，它是程控数字交换机连接模拟用户线的接口电路。由于某些信号（如振铃、馈电等）不能通过电子交换网络，因此把某些过去由公用设备实现的功能移到电子交换网络以外的用户电路来实现。数字程控交换机中的模拟用户接口功能可归纳为 BORSCHT 七项功能。

① B（Battery feeding），馈电。所有连接在交换机上的终端，均由交换机馈电。程控交换机的馈电电压一般为 $-48V$。通话时馈电电流在 $20\sim100mA$。馈电方式有恒压馈电和恒

流馈电两种。

② O（Over voltage protection），过压保护。由于用户线是外线，所以可能会遭到雷电或高压电等的袭击，高压进入交换机内部会严重损坏交换机内部设备。为了防止外来高电压、过电流对程控交换机内元器件的袭击，一般采用二级保护措施。第一级保护是在用户线入局的配线架上安装保安器，主要用来防止雷电。但由于保安器在雷电袭击时，仍可能有上百伏的电压输出，对交换机内的集成元器件仍会产生致命的损伤，还需要采取进一步的保护措施；用户接口电路中的过压保护就是第二级保护。

③ R（Ringing control），振铃控制。铃信号送向被叫用户，用于通知被叫有呼叫进入。向用户振铃的铃流电压一般较高。我国规定的标准是用（75±15）V、25Hz 交换电压作为铃流电压，向用户提供的振铃节奏规定为 1s 通、4s 断。高电压是不允许从交换网络中通过的，因此，铃流电压一般通过继电器或高压集成电子开关独向用户话机提供，并由微处理机控制铃流开关的通断。此外，当被叫用户一摘机，交换机就能立即检测到用户直流环路电流的变化，继而进行截铃和通话接续处理。

④ S（Supervision），监视。为完成电话呼叫，交换机必须能够正确判断出用户线上的用户话机的摘/挂机状态和拨号脉冲的情况，这可通过监视用户线上直流环路电流的通/断来实现。用户挂机空闲时，直流环路断开，馈电电流为零；反之，用户摘机后，直流环路接通，馈电电流在 20mA 以上。

⑤ C（CODEC&filters），编译码和滤波。编译码器的任务是完成模拟信号和数字信号间的转换。数字程控交换机只对数字信号进行交换处理，而话音信号是模拟信号，因此需要用编码器把模拟话音信号转换成数字话音信号，然后送到交换网络中进行交换，并通过解码器把从交换网络来的数字话音信号转换为模拟话音信号送给用户。

为避免在 A/D 变换中由于信号抽样而产生的混叠失真和 50Hz 电源以及 3400Hz 以上的频率分量信号的干扰，模拟话音在进行编码以前要通过一个带通滤波器。而在接收方向，从解码器输出的脉冲幅度调制信号要通过一个低通滤波器，以恢复原来的模拟话音信号，如图2-4 所示。编译码器和滤波一般采用集成电路来实现。

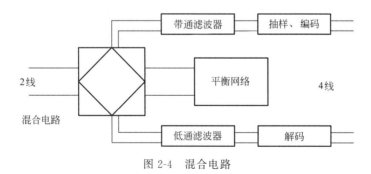

图 2-4　混合电路

⑥ H（Hybrid circuit），混合电路。用户话机的模拟信号是 2 线双向的，数字交换网的PCM 数字信号是 4 线单向的，因此在编码以前和译码以后一定要进行 2/4 线转换。在数字程控交换机中由混合电路完成该功能。如图 2-4 所示，混合电路的平衡网络用于实现用户线阻抗匹配。

⑦ T（Test），测试。换机运行过程中，用户线路、用户终端和用户接口电路可能发生混线、断线、地、与电力线相碰、元器件损坏等各种故障，因此需要对内部电路和外部线路

进行周期巡回自动测。测试工作可由外接的测试设备来完成，也可利用交换机的软件测试等距离进行自动测试。测试是通过测试继电器或电子开关为用户接口电路或外部用户线提供的测试接入口而实现的。

数字用户接口又称 V 接口，它是数字终端与程控数字交换机之间的接口电路。ITU-T 建议的数字用户接口电路有 5 种，即 $V_1 \sim V_5$，其中 V_1、V_3、V_5 是常用的标准。V_1 是综合业务数字网（ISDN）中的基本速率（2B＋D）接口，B 为 64Kbit/s，D 为 16Kbit/s，在建议 G.960 和 G.961 中规定了这种接口的有关特性。接口 V_2、V_3、V_4 的传输要求实质上是相同的，均符合 G.703、G.704 和 G.705 的有关规定，它们之间的区别主要在复用方式和信令要求方面。V_2 主要用于通过一次群或二次群数字段去连接远端或本端的数字网络设备，该网络设备可支持任何模拟、数字或 ISDN 用户接入的组合；V_3 是综合业务数字网中的基群速率接口，主要用于通过一般的用户数字段，以 30B＋D 或 23B＋D（其中 B、D 均为 64Kbit/s）的信道分配方式去连接数字用户群设备，例如，PABX；V_4 用于连接一个数字接入链路，该链路包括一个可支持几个基本速率接入的静态复用器，实质上是 ISDN 基本接入的复用。V_5 接口是交换机与接入网络（AN）之间的数字接口。这里的接入网络是指交换机到用户之间的网络设备。因此 V_5 接口能支持各种不同的接入类型。

数字用户终端与交换机数字用户接口电路之间传输数字信号的线路，仍采用普通的二线传输方式。为此须采用频分、时分或回波抵消技术来解决 2 线上传输双向数字信号的问题。

中继接口电路是交换机与中继线的物理连接设备。交换机的中继接口电路分为模拟中继接口电路和数字中继接口电路。

模拟中继接口又称 C 接口，是数字交换机为适应局间模拟环境而设置的接口电路，用来连接模拟中继线。模拟中继接口具有测试、过压保护、线路信令监视和配合、编/译码等功能。

数字中继接口又称 A 接口或 B 接口，它是数字交换机与数字中继线之间的接口电路，可适配 PCM 一次群或高次群的数字中继线。A 接口通过 PCM 一次群线路连接至其他交换机，又称基群接口，它通常使用双绞线或同轴电缆传输；B 接口通过 PCM 二次群线路连接其他交换机；高次群接口通常采用光缆传输。数字中继器的主要作用是将对方局送来的 PCM30/32 路信号分解成 30 路 64Kbit/s 的信号，然后送至数字交换网络。同样，它也把数字交换网络送来的 30 路 64Kbit/s 信号复合为 PCM30/32 路信号，送到对方局。

（3）信号音收发设备

在电话交换过程中，交换机需要向用户及其他交换机发送各种信号，例如拨号音、忙音、多频互控信号等，同时也要接收用户或其他交换机发送的信号，例如多频互控信号、双音多频信号等。这些信号在数字程控交换机中均为数字音频信号。信号音收发设备的功能就是完成这些数字音频信号音的产生、发送和接收。

信号音发生器一般采用数字音存储方法，将拨号音、忙音、回铃音等音频信号进行抽样和编码后存放在只读存储器（ROM）中，在计数器的控制下读出数字化信号音的编码，经数字交换网络发送到所需的话路上去。当然，如果需要，也可通过指定的时隙（如 TS_0、TS_{16}）传送。

多频信号接收器和发送器用于接收和发送多频（MF）信号，包括音频话机的双音多频（DTMF）信号和局间多频信号（MFC），这些多频信号在相应的话路中传送，以数字化的形式通过交换网络而被接收和发送。故数字交换机中的多频接收器和发送器应能接收和发送数字化的多频信号。

2.1.2.2 控制子系统

控制子系统是交换机的"指挥系统",交换机的所有动作都是在控制系统的控制下完成的。

控制系统的主要设备是处理机。处理机有各种配置方式,但归纳起来大致分为两种:集中控制方式和分散控制方式。

(1)集中控制方式

集中控制方式中,任何一台处理机都可以实现对交换机的全部控制,管理交换机的全部硬件和软件资源。集中控制配置方式如图 2-5 所示。

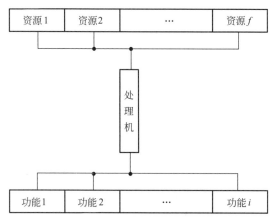

图 2-5 集中控制配置方式

集中控制的主要优点是只需要一个处理机,控制系统结构简单。处理机能掌握了解整个系统的运行状态,使用、管理系统的全部资源,不会出现争抢资源的冲突。此外,在集中控制中,各种控制功能之间的接口都是程序之间的软件接,任何功能的变更和增删都只涉及软件,从而使其实现较为方便、容易。

缺点:一是由于控制高度集中,使得这种系统比较脆弱,一旦控制部件出现故障,就可能引起整个交换局瘫痪;二是处理机要完成全部的控制功能,使得控制过于集中,软件的规模很大且很复杂,系统的管理维护很困难。

为了解决这个问题,集中控制一般采用双处理机或多处理机的冗余配置方式。

(2)分散控制方式

分散控制方式的程控交换机中,任何一台处理机都只能执行部分控制功能,管理交换机的部分硬件和软件资源。

分散控制克服了集中控制的主要缺点,是目前普遍采用的一种控制方式。分散控制系统是一个多处理机系统。根据处理机的自主控制能力,分散控制可分为分级控制和分布(全分散)控制。

分散控制系统中,各台处理机可按容量分担或功能分担的方式工作。容量分担方式指每台处理机只分担一部分用户的全部呼叫处理任务。按这种方式分工的每台处理机所完成的任务都是一样的,只是所面向的用户不同。容量分担方式的优点是,只需要配置相应数量的处理机,即可适应不同数量用户群的需要。其缺点是,每台处理机都要具有呼叫处理的全部功能。功能分担方式是将交换机的各项控制功能按功能类别分配给不同的处理机去执行，不同的处理机调用相应的系统资源。功能分担方式的优点是，每台处理机只承担一部分功能，可以简化软件，若需增强功能，很容易通过软件实现。其缺点是，在容量小时，也必须配齐全部处理机。

在分散控制系统中，处理机之间的功能分配可能是静态的，也可能是动态的。所谓静态分配，是指资源和功能的分配一次完成，各处理机可以根据不同分工配备一些专门的硬件。采用静态分配的优点是，软件没有集中控制时那么复杂，可以做成模块化系统，在经济和可扩展性方面显示出优越性。所谓动态分配，是指每台处理机可以处理所有功能，也可以控制所有资源，但根据系统的不同状态，对资源和功能进行最佳分配。这种方式的优点在于，当有一台处理机发生故障时，可由其余处理机完成全部功能。缺点是系统非常复杂。

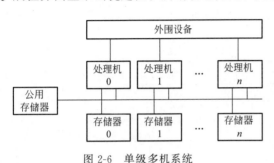

图 2-6　单级多机系统

分级控制有单级控制和多级控制两种。其中，单级控制系统又叫单级多机系统，如图 2-6 所示。系统各台处理机并行工作，每台处理机有专用的存储器，也可设置公用存储器，用于各处理机之间的通信。

多级控制系统按交换机控制功能层次的高低分别配置处理机。对于较低层次的、处理简单但工作量繁重的控制功能，如用户扫描、摘挂机及脉冲识别等，采用外围处理机（或用户处理机）完成。对层次较高、处理较复杂、工作量较小的控制功能，如号码分析、路由选择等，由呼叫处理机承担。对于处理更复杂、执行次数更小的故障诊断和维护管理等控制功能，则单独配置一台专用的主处理机。这样，一般形成三级控制系统，如图 2-7 所示。

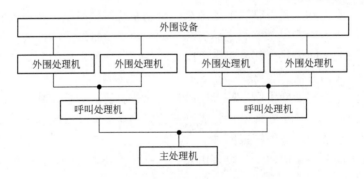

图 2-7　三级控制系统

这种三级控制系统按功能分担的方式分别配置外围处理机、呼叫处理机和主处理机。每一级又采用容量分担的方式，每几百个用户配置一台外围处理机；呼叫处理机因要处理外围处理机传输来的信息，故数台外围处理机只需配备一台呼叫处理机；对于主处理机，一般全系统只需配置一对即可。

分布式控制也成为全分散控制。它是指交换机的全部用户线和中继线被分成多个模块（用户模块或中继模块），每个模块包含一定数量的用户线和中继线，且每个模块都有一个控制单元。在控制元中配备微处理机，包括所有呼叫控制和数字交换网络控制在内的一切控制功能都由微处理机执行，每个模块基本上可以独立地进行呼叫处理。

根据各交换系统的要求，目前生产的大、中型交换机的控制部分多采用分散控制方式下的分级控系统或分布式控制系统。为了提高控制系统的可靠性，处理机需要进行冗余配置，即备用配置。冗余配置方式有如下4种。

（1）微同步方式（同步双工方式）

两台处理机之间接有一个比较器，每一台处理机都有一个供自己专用的存储器，而且每一台处理机所能实现的控制功能完全一样。图2-8所示是一个同步双机配置的典型结构。

正常工作时，两台处理机均接收从外围设备来的信息，同时执行同一条指令，进行同样的分析处，但只有主用机输出控制消息，执行控制功能。所谓微同步，就是在执行每一条指令后，检查比较台处理机的执行结果是否一致，如果一致，就转移到下一条执行指令，继续运行程序；如果不一致，说明可能有一台处理机出错，两台处理机立即中断正常处理，并各自启动检查诊断程序，如果发现一台有故障，则退出服务，以做进一步故障诊断；而另一台则继续工作。如果检查发现两台均正常，说明是由于偶然干扰引起的出错，处理机恢复原有工作状态。

同步工作方式的优点是发现错误及时，中断时间很短（20ms左右），对正在进行的呼叫处理几乎没有影响。其缺点是双机进行指令比较占用了一定资源。

（2）负荷分担（话务分担）方式

荷分担也叫话务分担，两台处理机独立进行工作，在正常情况下，各承担一半的话务负荷。当一机发生故障，可由另一机承担全部负荷，如图2-9所示。

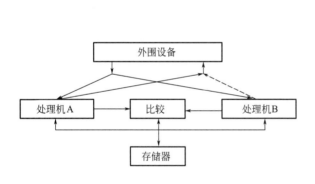

图2-8　微同步工作方式

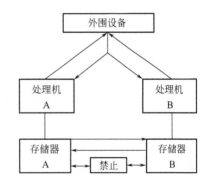

图2-9　负荷分担方式

处理机A、B都从外围设备提取信息进行处理，各自承担一部分话务负荷，独立进行工作，发出控制信息。为了沟通工作情况，它们之间有信息链路及时地交换信息。为了防止两台处理机同时处理相同任务，它们之间设有"禁止"电路，避免"争夺"现象。两台处理机必须有自己专用的存储器，一旦某一处理机出现故障，则由另一台处理机承担全部负荷，无需切换过程，呼损很小。只是在非正常工作时，单机可能有轻微过载，但时间很短，一旦另一台处理机恢复运行，便会一切正常。

负荷分担方式的优点是两台处理机都承担话务，因而过载能力很强。在理想情况下，负载能力几乎提高一倍。因此，实际运用处理机的处理能力只为话务负荷的50%～100%。其缺点是两台处理机需经常保持联系，亦占用处理机部分机时。

（3）主/备用方式

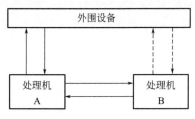

图 2-10 双机主/备用配置方式

主/备用方式是一台处理机联机运行，另一台处理机与话路设备完全分离而作为备用。工作的计算机称为主用机，另一台计算机称为备用机，它们以通过软件相互倒换工作。当主机发生故障时，进行主/备用倒换，如图 2-10 所示。

主/备用方式，在任何情况下只有其中一台处理机（A 或 B）与外围设备交换信息，即一台主用，一台备用。主用机承担全部外围设备的话务负荷，当主用机出现故障时，利用切换程序使其退出服务，备用机联机工作。

主备用方式有冷备用（Cold Standby）与热备用（Hot Standby）两种。冷备用时，备用机中没有保存呼叫数据，也不作任何处理，当收到主机发来的转换请求信号后，新的主用机需要重新初始化，开始接收数据，进行处理。缺点是：一旦主用机有故障而转向备用机时，数据全部丢失，重新启动，一切正在进行的通话全部中断。热备用时，平时主、备用机都随时接收并保留呼叫处理数据，但备用机不做处理工作。当收到主用机倒换请求时，备用机立即工作。呼叫处理的暂时数据基本不丢失，原来处于通话状态的用户不中断，损失的只是正在处理过程中的用户。在主备用方式中，通常采用热备用方式，备用机中存有主用机送来的相关信息，可随时接替工作。

主备用方式的优点是硬件电路比较简单，软件亦不太复杂。缺点是主备用切换时给外围设备造成的损失比较大，工作效率较负荷分担方式低。

（4）N+1 方式

在单级多机系统中，有时采用 N+1 配置方式，即其中一台处理机专作备用机，平时不工作，在 N 台工作机中的任一台出现故障时，备用机立即替代之。

2.2 数字程控交换机的性能指标

评价一台数字程控交换机的处理性能通常有三个指标：话务量、呼损及单位时间内呼叫处理的次数。

2.2.1 话务量

2.2.1.1 话务量的基本概念

话务量反映电话用户在电话通信使用上的数量要求，它是由用户进行呼叫并且占用交换设备而形成的。话务量受三种因素的影响：一是考察话务量的时间范围 T；二是在时间 T 内由终端 i 发出的呼叫数 n_i；三是由话源 i 发出的呼叫平均占用时长 S_i。

时间 T 内由 N 个话源流入交换系统的话务量 A_T 为

$$A_\mathrm{T} = \sum_{i=1}^{N} n_i S_i$$

话务量的计量单位用"小时呼"或"分呼"。单位时间内流入的话务量叫做话务流量（或话务强度）A，习惯上，把话务流量叫话务量，即

$$A = \frac{\sum_{i=1}^{N} n_i S_i}{T}$$

话务流量的计量单位用"爱尔兰"（Erl）表示，简写为"e"或"E"，用来纪念话务理论创始人，丹麦学者爱尔兰。一个爱尔兰的话务流量表示在 1 小时内有 3 个 20min 占用时长的呼叫，或者有 6 个 10min 占用时长的呼叫。对话务流量的表示还有另一个单位，即每小时百秒呼（CCS），北美各国常用。

2.2.1.2　话务量的特性

话务量是衡量数字程控交换机的重要指标，了解它的特性可以使交换机更好运行，减少维护量，提高服务质量。话务量具有以下的特性。

（1）话务量的波动性

一般来说，交换机的话务量经常处于变化之中。例如，一昼夜内的各个小时话务量是不一样的；不同日子里的同一时间的话务量也不相同。话务量的这种变化，是多方面因素影响的综合结果。如季节性的影响、节假日的影响、临时发生的特殊因素的影响等，就是在一天之内，话务量还受白天与夜间的影响（夜间多数人睡觉）、上班时间与下班时间的影响（上班时间公务电话多）。总之，交换机的话务量是随时间不断变化着的，这种变化叫做话务量的波动性。

（2）话务量的周期性

对话务量进行的长期观察表明，话务量除了随机性的波动外，还存在着周期性，也就是说有某种规律的波动。在话务量强度的规律性波动中，具有重要意义的是一昼夜内各小时的波动情况。尽管每天的波动规律不尽相同，但都有相似的规律，白天话务量大，晚上话务量小等。

（3）话务量集中系数的采用

为了在一天中的任何时候都能给电话用户提供一定质量的服务，交换机设备数量应根据一天中出现的最大话务量进行计算。这样，在话务量非高峰的时间里，服务质量就不会下降。把一天中出现最大平均话务量的一个小时称为最繁忙小时，简称为忙时。忙时务量的集中程度，用话务量集中系数 K 来表示。它是忙时话务量与全天话务量的比值，即

$$K = \frac{忙时话务量}{全天话务量}$$

集中系数 K 的值一般在 $8\% \sim 15\%$，它主要与用户类型有关，系数越小，设备的性价比越好。

2.2.1.3　话务量的计算

根据前面的介绍，话务量与呼叫次数以及每次呼叫平均占用的时长有关。如果 N 个话源在时间 T 内发出的呼叫次数都是 n，各次呼叫的平均占用时间都是 S，则

$$A = \frac{n}{T}SN = \lambda SN$$

式中，λ 称为平均呼叫强度，单位"次/h"表示 N 个话源在单位时间内产生的平均呼叫次数。

如某个话源在 2h 内共发生 4 次呼叫，每次呼叫持续的时间分别为 600s、100s、900s 和 200s，则

平均呼叫时长： $S=(600+100+900+200)/4=450s=0.125h$

话务量： $A_T=n\times S=4\times 0.125=0.5h$

话务流量： $A=A_T/T=0.5/2=0.25e$

平均呼叫强度： $\lambda=n/T=4/2=2$ 次/h

实践中 λ 和 S 受到多种因素的影响，均随时间和用户行为而变化。影响 λ 的因素有以下几种。

① 时间：随不同的月份、不同的日子、不同时刻而不同，如除夕、节假日等。

② 突发事件：举办奥运会、发生自然灾难等。

③ 话机普及率：与人均占有话机数有关。

④ 用户遇忙时的表现：放弃、重拨。

⑤ 费率：长途话费减免时拨打长途的用户就多。

影响 S 的因素有以下几种。

① 通话性质：公务电话短，私人电话长。

② 通话距离：统计表明，S 近似与通话距离成正比。

③ 费率。

④ 用户习惯。

由于以上的因素，实际过程中，对话务量的分析计算十分困难，一般使用统计的方法，先在计算机中进行模拟，再在实践过程中加以调整。

ITU-T 建议 Q.80 把一年最忙的 30 天内的忙时话务量平均值定义为平均忙时话务量，把一年最忙的 5 天内的忙时话务量的平均值作为异常忙时话务量。

2.2.2 呼损的计算及呼损指标

呼损是指交换机由于机键拥塞或中继线不足引起的阻塞概率，是衡量交换机质量的重要指标之一。呼损可用小数表示，也可用百分数（％）表示。

2.2.2.1 计算呼损的方法

两种计算呼损的方法：一种是按时间计算的呼损 E；另一种是按呼叫次数计算的呼损 B。

"时间呼损" E 等于出线全忙时间与总考察时间（一般为忙时）的比值，或指在 1h 内全部中继线处于忙态的百分数。

"呼叫呼损" B 是指一段时间内出线全忙时，呼叫损失的次数占总呼叫次数的比例，或指呼叫第一次就失败的次数。

2.2.2.2 呼损指标及其分配

我国规定的数字电话网的全程呼损指标如下：

数字长途电话网全程呼损≤0.098；

数字本地电话网全程呼损≤0.043；

数字市内电话网全程呼损≤0.021（经一次汇接）；

数字市内电话网全程呼损≤0.027（经二次汇接）。

2.2.3 呼叫处理能力

呼叫处理能力是在保证规定的服务质量标准前提下，处理机能够处理呼叫的能力。这项指标通常用"最大忙时试呼次数"来表示，即 BHCA。这是一个评价交换系统的设计水平和服务能力的一个重要指标。

2.2.3.1 BHCA 的基本模型

与话务量一样，对于 BHCA 的精确计算比较繁琐，主要是处理机处理不同的程序所花费的时间受诸多因素的影响，因此对于处理机的呼叫处理能力的测算通常采用一个线形模型粗略估算。根据这个模型，处理机在单位时间内用于处理呼叫的时间开销为

$$t = a + bN$$

式中，a 为与话务量无关的固有开销，它主要与系统容量、设备数量等参数有关，b 为处理一次呼叫的平均开销时间，它与不同的呼叫结果（中途挂机、被叫忙、完成呼叫等）以及不同的呼叫类型（本局呼叫、出局呼叫、入局呼叫等）有关，N 为一定单位时间内处理的所有呼叫的次数，即处理能力值（BHCA）。通常情况下，处理机的忙时利用率不会达到 100%，时间开销一般为 0.75～0.85。

如某处理机忙时用于呼叫处理的时间开销平均为 0.85（即忙时利用率），固有开销 $a = 0.29$，处理一个呼叫需 16000 条指令，每个指令平均需要 $2\mu s$，则该处理机的处理能力计算如下：

b 为处理一次呼叫的平均开销时间，在数值上就是执行所有指令的时间的总和，所以

$$b = 16000 \times 2 = 32000\mu s = 32ms$$

代入式 $t = a + bN$ 中，得

$$0.85 = 0.29 + 32 \times 10^{-3}/3600 \times N$$

$$N = (0.85 - 0.29) \times 3600/32 \times 10^{-3} = 63000 \text{ 次/h}$$

2.2.3.2 影响 BHCA 的主要因素

影响程控交换机呼叫处理能力的因素很多，主要有以下几个方面。

① 处理机能力。包括处理机的速度，速度越高，呼叫处理能力越强；处理机中指令的功能强弱，同样的处理速度的情况下，指令功能越强，呼叫处理能力越强；处理机采用的 I/O 接口的类型，不同 I/O 接口其控制和通信的效率不同，处理机提供的 I/O 接口效率越高，其呼叫处理能力也越强。

② 处理机间的结构和通信方式。数字程控交换机均采用多处理机结构。处理机之间的通信方式，不同处理机之间的负荷（或功能）分配，冗余方式的采用，多处理机系统的组成方式，都和系统的呼叫处理能力有关。系统结构合理，各级处理机的负荷（功能）分配合理，所有处理机能充分发挥效率，这相当于提高了处理机的处理能力。

③ 各种开销所占的比例。根据前面的介绍，交换机的处理时间可分为两部分，即呼叫处理的时间开销和其他开销。在一定范围内，呼叫处理的时间开销所占比例越大，呼叫处理

能力越强。

④ 软件设计水平的影响。呼叫处理软件从它的结构、采用的编程语言以及软件编程中采用的技术，对呼叫处理能力都会造成很大的影响。例如，高级语言的代码效率比汇编语言的代码效率要低。

⑤ 系统容量的影响。系统容量和呼叫处理能力有直接关系，一台处理机所控制的系统容量越大，它用于呼叫处理所花费的开销也就越大，尤其是用于例如扫描的固有开销越大，从而降低了处理机的呼叫处理能力。

2.3　C&C08 交换机系统结构认知

2.3.1　C&C08 交换机系统结构

C&C08 数字程控交系统是华为公司的大容量数字程控交换设备，适用于各种交换局。在硬件上采用模块化的设计思想，整个交换系统由一个管理/通信模块（AM/CM）和多个交换模块（SM）组成。C&C08 交换机系统结构图如图 2-11 所示。

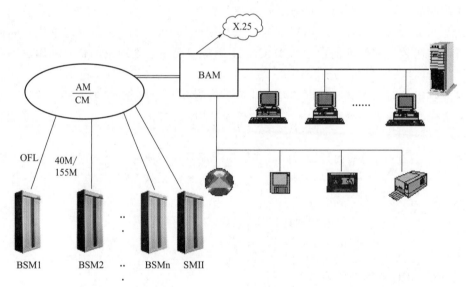

图 2-11　C&C08 交换机系统结构图
AM—前管理模块；BAM—后管理模块；CM—通信模块；
OFL—高速光纤链路；BSM—交换模块；SMII—远端交换模块

2.3.1.1　管理/通信模块（AM/CM）

管理/通信模块（AM/CM）是管理模块（AM）、通信模块（CM）的总称，主要完成核心控制与核心交换功能，是 C&C08 的枢纽部件。此外，AM/CM 还提供交换机主机系统与外部计算机网络的接口，在终端 OAM 软件的支持下，完成对交换机的操作、维护、管理、计费、告警、网管等功能。

管理模块（AM）由前管理模块（FAM）和后管理模块（BAM）两部分组成，主要负责模块间呼叫的接续管理与控制，并提供交换机主机系统与外部计算机网络的接口。

前管理模块（FAM）负责整个交换系统模块间呼叫接续的管理与控制，完成模块间信令转发、内部路由选择等功能，并负责处理网管数据传输、话务统计、计费数据收集、告警信息处理等与实时性较强的管理任务。FAM在硬件上与CM结合在一起，合称为FAM/CM。FAM（前台）面向用户，提供业务接口，完成交换的实时控制与管理，也称主机系统。

后管理模块（BAM）负责提供交换机主机系统与外部计算机网络的接口，通过安装并运行终端管理软件，完成对交换机的操作、维护、管理、计费、告警、网管等OAM功能。BAM在硬件上为一台工控机或服务器，通过HDLC链路与FAM相连，通过以太网接口与外部计算机网络相连，是外部计算机网络访问交换机主机系统的通信枢纽。BAM（后台）面向维护者，完成对主机系统的管理与监控，也称终端系统。

通信模块（CM）由中心交换网、信令交换网和通信接口组成，主要负责SM模块间话路和信令链路的接续，完成核心交换功能。

综上所述，AM/CM的分层结构如图2-12所示。

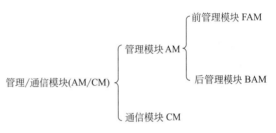

图 2-12 AM/CM 的分层结构

2.3.1.2 交换模块（SM）

交换模块（SM）具有独立交换功能，主要用于实现模块内用户的呼叫及接续的全部功能，并通过AM/CM完成模块间的呼叫接续。SM在功能上独立于AM/CM，可提供分散数据库管理、呼叫处理、维护操作等各种功能，是C&C08数字程控交换系统的核心部件之一，可以提供各种业务接口，如用户侧接口（POTS、ISDN和V5）、中继侧接口（E1和模拟中继等）以及网管接口等。

多个SM和AM构成多模块局，也可以独立构成单模块局。当SM单模块成局时，不需要AM/CM，但要接BAM。SM模块成局图如图2-13所示。

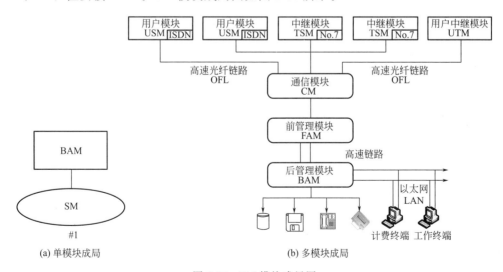

图 2-13 SM 模块成局图

为便于对多个模块进行管理，需对所有模块全局统一编号。AM固定编为0，SM从1

开始编号；SM 做单模块局时固定编号为 1。

2.3.2 C&C08 程控数字交换机的硬件层次结构

C&C08 程控数字交换机在硬件上具有模块化的层次结构，其硬件系统分为单板、功能机框、模块和交换系统 4 个等级，如图 2-14 所示。

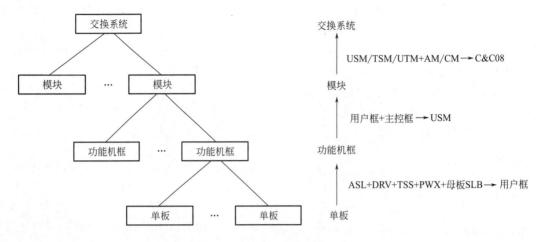

图 2-14 C&C08 的硬件结构示意图

（1）单板

单板是 C&C08 数字程控交换系统的硬件基础，是实现交换系统功能的基本组成单元。所有单板均采用插拔式的机械结构，由印刷电路板（PCB）和单板附件组成。

（2）功能机框

功能机框就是由各种功能的电路板组成的完成特定功能的机框单元。例如控制框、接口框、时钟框、用户框、中继框、远端用户接入单元（RSA）框等。每个机框可容纳 26 个标准槽位，槽位编号从左到右依次为 0～25。

（3）模块

单个功能机框或多个功能机框的组合就构成了不同类别的模块，如交换模块 SM 由主控框、用户框（或）中继框等构成。

（4）交换系统

交换系统是由不同的模块（AM/CM、SPM、SRM、SM）按需要组合在一起构成的。交换系统具有丰富的功能和接口。

这种模块化的层次结构便于系统的安装、扩容和新设备的增加，易于实现新功能。通过更换或增加功能单板，可灵活适应不同信令系统的要求，处理多种网上协议；通过增加功能机框或功能模块，可方便地引入新功能、新技术，扩展系统的应用领域。

2.3.3 C&C08 程控数字交换机软件结构

C&C08 程控数字交换机的软件系统主要由主机（前台）软件和终端 OAM（后台）软件两大部分组成，其组成结构如图 2-15 所示。

2.3.3.1　主机软件

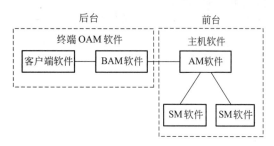

图 2-15　C&C08 的软件组成

主机软件是指运行于交换机主处理机 AM、SM 上的软件，用于对主机系统的控制与管理。主要由操作系统、通信处理类任务、资源管理类任务、呼叫处理类任务、信令处理类任务、数据库管理类任务和维护管理类任务七部分组成。其中操作系统为主机软件系统的内核，属系统级程序，而其他软件是基于操作系统之上的应用级程序。主机软件的组成如图 2-16 所示。

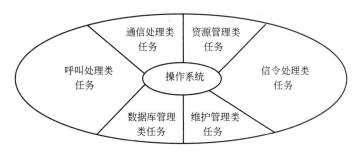

图 2-16　C&C08 交换机主机软件组成

根据虚拟机概念，可将 C&C08 程控数字交换机的软件分为多个级别，较低级别的软件模块同硬件平台相关联，较高级别的软件模块则对立于具体的硬件环境，各软件模块之间的通信由操作系统中的信息包管理程序负责完成。整个主机软件的层次结构如图 2-17 所示。

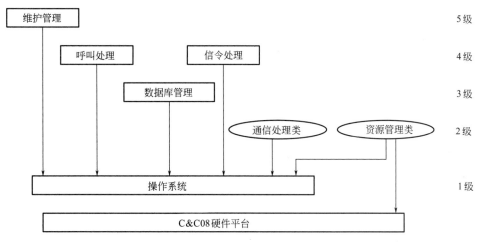

图 2-17　主机软件的层次结构

其中，C&C08 程控数字交换机的操作系统主要执行任务调度、内存管理、中断管理、外设管理、补丁管理、用户接口管理等功能，是整个应用级程序正常运行的基础平台。资源管理类任务完成对硬件资源的初始化、申请、释放、维护以及测试等功能，这些资源包括交换网络、信号音源、双音多频收发器（DTMF）、多频互控信令（MFC）、发号器、会议电话时隙、FSK 数字信号处理器、语音邮箱等，这些资源管理的任务因与硬件平台关联，因而任务优先级较高，它们主要为呼叫处理类任务提供服务支持。

C&C08 程控数字交系统是一个多处理机系统，通信处理类软件主要完成模块处理机之间及模块处理机同各二级处理机之间的通信处理功能。

数据库管理类任务负责整个交换系统的所有数据库管理（包括配置数据、用户数据、中继数据、局数据、网管数据以及计费数据等），需要完成的工作包括数据存取和组织、数据维护、数据更新、数据备份和数据恢复。

呼叫处理类软件是基于操作系统和数据库管理类软件之上的一个应用软件系统，它在资源管理类软件和信令处理软件的配合下，主要完成号码分析、局内规程控制、被叫信道定位、计费处理等功能。呼叫处理类任务完成具体的呼叫业务。

信令处理类任务主要负责在呼叫接续过程中各种信令或协议的处理工作，包括各种用户网络接口（UNI）协议和网络-网络接口（NNI）协议，如用户线信令、中国 1 号信令、No.7 信令、DSS1 信令、V5 协议等。

维护类任务支持维护人员对交换设备的运行情况进行监视和管理，包括：告警管理、计费及话单管理、话务统计、信令监视、呼叫接续过程跟踪、用户/中继测试、通用消息跟踪。

2.3.3.2 终端 OAM 软件

终端 OAM 软件是指运行于 BAM 和工作站上的软件，它与主机软件中的维护管理模块、数据库管理模块等密切配合，主要用于支持维护人员完成对交换设备的数据维护、设备管理、告警管理、测试管理、话单管理、话务统计、服务观察、环境监控等功能。

终端 OAM 软件采用客户机/服务器（C/S）方式，主要由 BAM 应用程序和终端应用程序两部分组成。其中，BAM 应用程序安装在 BAM 端，是服务器；终端应用程序安装在工作站，是客户机。

BAM 应用程序运行于 BAM 上，集通信服务器与数据库服务器与一体，是终端 OAM 软件的核心。多种操作维护任务均以客户机/服务器（C/S）方式执行，BAM 应用程序作为服务器，支持远/近维护终端多点同时设置数据以及其他维护操作。BAM 将来自终端的维护操作命令转发至主机，将主机响应信息进行处理并反馈到响应的终端设备上，同时完成主机软件、配置数据、告警信息、话单等的存储和转发，维护人员通过 BAM 的处理，完成与交换机主机的交互操作任务。

BAM 的应用程序管理后台数据库，基于 Windows NT 操作系统，采用 MS SQL Server 为数据库平台，通过多个并列运行的业务进程来实现终端 OAM 软件的主要功能。

终端应用程序运行于工作站上，作为客户机/服务器（C/S）方式的客户端，与 BAM 连接，提供基于 MML 的业务图形终端，可以实现系统所有的维护功能，将系统信息上报给维护操作人员，将操作指令发送到交换机主机。

2.3.3.3 C&C08 交换机数据库系统

C&C08 程控数字交换机的数据库系统分关系数据库内核和应用数据库两层，如图 2-18 所示。

数据库系统由数据管理子系统和数据库组成，数据管理子系统有两个接口模块，分别为呼叫处理接口模块和维护管理接口模块，如图 2-19 所示。

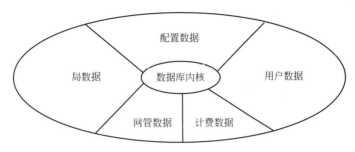

图 2-18 C&C08 程控数字交换机数据库系统图

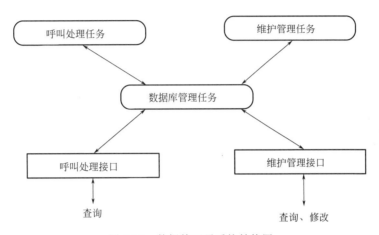

图 2-19 数据管理子系统结构图

数据库由多个关系表构成，由 BAM 加载到主机内存的数据区中，并在数据存储区做备份。数据管理子系统对数据库的访问是在 RAM 内存中进行，修改的数据随时备份到数据存储区，如图 2-20 所示。

2.3.4 C&C08 交换机组网的方式

C&C08 具有各种丰富的接口，有近/远距离光接口板、2M 接口、STM-1 光接口接入，根据需要可以进行各种灵活的组网；支持大容量交换机、小型独立局、各种远端模块；支持标准 V5 接口方式组

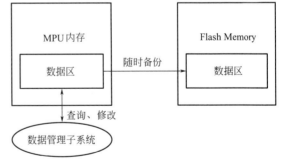

图 2-20 数据库的查询、修改及备份

网，实现异种设备之间的对接，更加丰富组网方式。

2.3.4.1 AM＋SM 组网方式

AM 和 SM 之间采用光纤进行连接通信，组成多模块交换机系统。AM 和 SM 之间采用多模近距离光纤连接，共同放置在同一机房之内。SM 有根据用户中继的配置分为 TSM（纯用户模块）和 UTM（用户/中继混合模块），这种方式适合本地大容量组网方式。AM＋SM 组网如图 2-21 所示。

2.3.4.2 AM＋RSM 组网方式

AM 和 RSM 之间采用光纤进行连接通信，组成多模块交换机系统。AM 和 RSM 之间采用单模远距离光纤连接，放置在同机房，AM 和 RSM 适合本地远距离大容量组网方式。但这种组网方式占用光纤资源，光纤利用率不高。AM/RSM 之间距离在 50km 之内。AM＋SM 和 AM＋RSM 组网方式的区别：采用的光接口板不同，SM 为近距离光接口板，RSM 为远距离光接口板。其他基本一样。AM＋RSM 组网如图 2-22 所示。

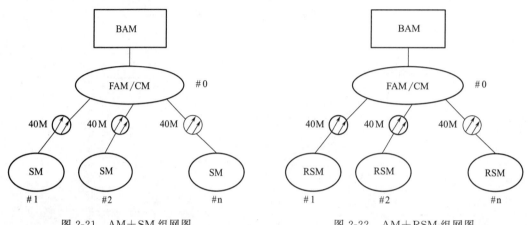

图 2-21　AM＋SM 组网图　　　　　图 2-22　AM＋RSM 组网图

2.3.4.3 独立局组网方式

单模块独立成局，无管理通信模块（AM）。本模块具有交换功能，并外接 BAM，对设备进行维护操作，适合于独立的端局组网，多应用于专业通信网。容量受到模块内资源限制，适用于在小容量组网场合。独立局组网如图 2-23 所示。

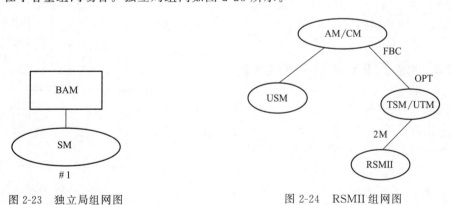

图 2-23　独立局组网图　　　　　图 2-24　RSMII 组网图

2.3.4.4 RSMII 组网方式

RSMII 是本身带有用户/中继的 UTM 模块，和上级 TSM/UTM 进行连接。采用华为公司开发的内部 7 号信令进行 UTM/TSM 和 RSMII 之间的通信。RSMII 和 UTM/TSM 之间接口采用标准的 2M 电接口。因此两者之间需要传输设备进行 2M 电口的传输。RSMII 本身带有交换功能，本地通话不需要经过上级交换。RSMII 本身无数据维护操作功能，设备的维护操作由母局 BAM 完成。RSMII 适用于中小容量的远端模块组网。RSMII 组网如图 2-24 所示。

2.3.4.5　SMII 组网方式

SMII 是本身带有用户/中继的 UTM 模块，和 AM 直接连接。SMII 和 AM 之间接口采用标准的 2M 电接口进行，因此两者之间需要传输设备进行 2M 电口的传输。SMII 本身带有交换功能，本地通话不需要经过上级交换。SMII 本身无数据维护操作功能，设备的维护操作由母局 BAM 完成。SMII 适用于中小容量的远端模块组网。RSMII 和 SMII 区别：RSMII 和 UTM 向连接，SMII 和 AM 相连，减少了转接的过程，可以认为 SMII 是 RSMII 的改进型。SMII 组网如图 2-25 所示。

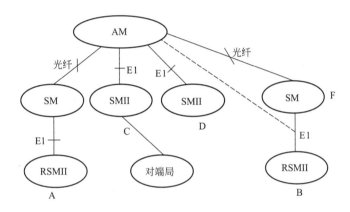

图 2-25　SMII 组网图

2.3.4.6　RSA 组网方式

RSA 组网的设计思想是将控制部分和用户部分相分离，用户部分拉远，解决远距离用户的电话放号。RSA 设备近端/远端之间采用标准 2M 电接口，采用 30B＋D 技术。RSA 设备本身无交换能力，依靠近端 USM/TSM 完成交换功能。RSA 设备无维护操作能力，母局 BAM 完成对 RSA 设备的维护。RSA 组网根据远/近端设备不同又分为 RSA-RSA 和 LAPR-SA-RSA 两种方式。RSA-RSA 组网方式如图 2-26 所示，LAPRSA-RSA 组网方式如图 2-27 所示。

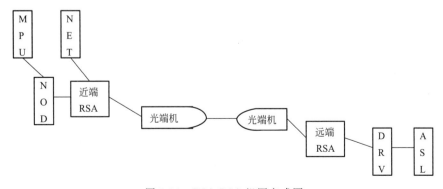

图 2-26　RSA-RSA 组网方式图

2.3.4.7 V5 接口组网方式

V5 接口是市话交换机和接入网之间的一种数字接口，为标准的开放式接口，提供窄带业务，有 V5.1 和 V5.2 两种接口。V5 接口协议主要有 BCC 协议、链路协议、链路控制协议、PSTN 协议和保护协议。V5 接口图如图 2-28 所示。

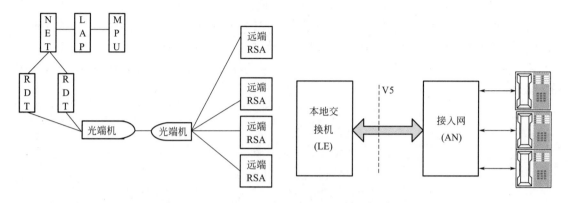

图 2-27　LAPRSA-RSA 组网方式图　　　　　　　图 2-28　V5 接口图

V5 接口组网时，LE 和 AN 可以是不同厂家所生产的设备，只要各自提供标准的 V5 接口即可。目前在实际使用中一般采用 V5.2 接口，最多支持 16 个 2M。AN 设备本身无交换功能，话音交换由 LE 来完成。AN 设备提供用户端口和 V5 接口，无用户号码数据，具体的用户放号由 LE 来完成。V5 组网的方式好处在于不但可以和同一厂家设备进行设备对接，也可以和其他厂家设备对接，组网更加灵活，同时也有利于竞争，提高厂家服务质量，提高服务水平。C&C08 交换机一体化平台组网图如图 2-29 所示。

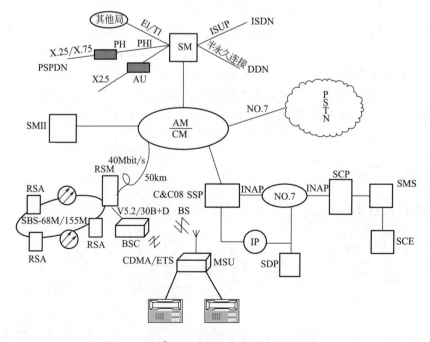

图 2-29　C&C08 交换机一体化平台组网图

2.4 C&C08交换机外观认识

2.4.1 SM机架

SM机架外观如图2-30所示。

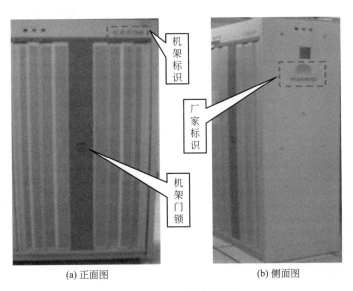

(a) 正面图   (b) 侧面图

图2-30 SM机架外观

SM机架正面开门后的外观如图2-31所示。

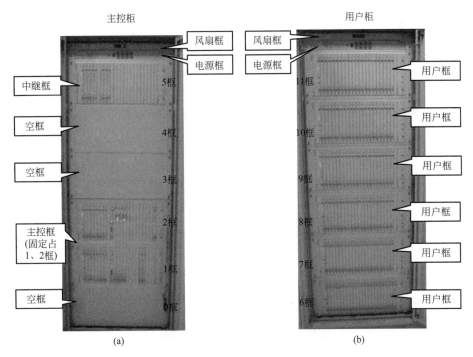

(a)   (b)

图2-31 SM机架正面开门后外观

1 个 SM 机架最多配置 6 个机框，机框从下至上排列，在一个模块内统一编号。SM 机框有主控框、中继框和用户框三种机框。机架顶部安装风扇框和电源框。

SM 机架背面开门后外观如图 2-32 所示。

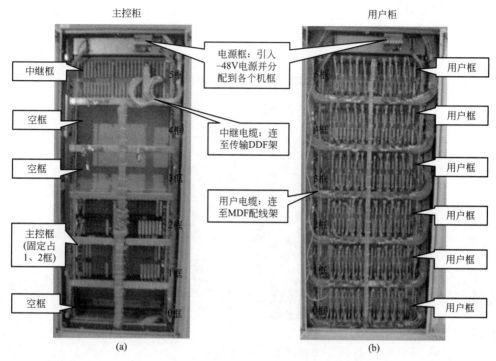

图 2-32　SM 机架背面开门后外观

2.4.2　SM 设备各机框简介

2.4.2.1　电源框

电源框正面图如图 2-33 所示。

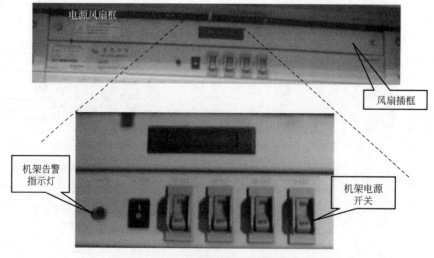

图 2-33　电源框正面图

电源框将从开关电源或电源分配柜引入的两路电流分配到机架两侧的汇流条，以供机框使用。电源框背面图如图 2-34 所示。

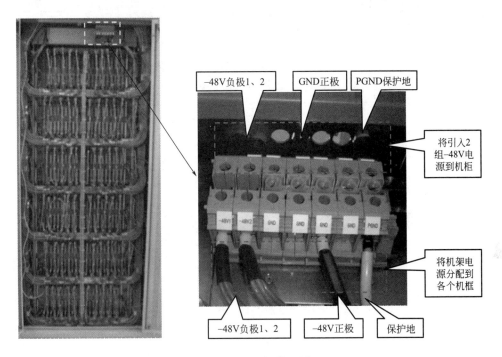

图 2-34 电源框背面图

2.4.2.2 主控框

主控框是交换模块 SM 的控制中心和话路中心，负责整个模块的设备管理和接续控制，主控框母板占用两个插框位置，内部的主要的单板有 MPU 主控板、BNET 网板、SIG 信号音板、PWC 电源板、NOD 节点板、EMA 双机倒换板、OPT/OLE 光接口板、ALM 告警板以及 LAPMC2 等各种信令处理板。SM 模块通过主控框中的 OPT/OLE 光接口板上行到母局，实现模块局与母局交换机的连接。SM 主控框正面图如图 2-35 所示。

主控框背面图如图 2-36 所示。

2.4.2.3 中继框

SM 中继框正面图如图 2-37 所示。

SM 中继框共 16 个 DTM 槽位，DTM 板的数量根据所需中继数配置，按每块 DTM60 路数字中继计算，一个数字中继框可提供 960 路 DT，每个 SM 最多配 24 块板，提供 1440 条话路。其中：00～01、24～25 槽用于 PWC 电源板（占 2 个槽位）；02～05、07～10 槽用于 DTM 数字中继板；11～14、16～19 槽用于 DTM 数字中继板；20～23 槽用于 DRV 板（选配）。每块 DTM 提供 2 路 E1 接口，1 个中继框满配可插 16 块 DTM 板，提供 32 个 E1，电路编号从左往右。

SM 中继框背面图如图 2-38 所示。

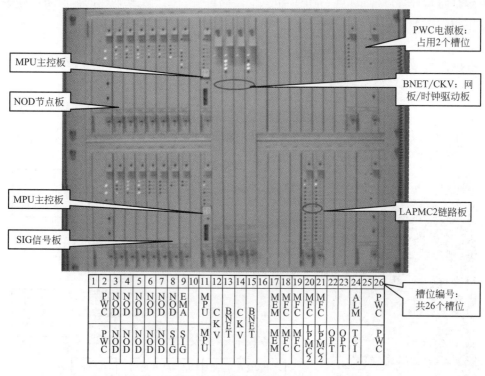

1	2	3	4	5	6	7	8	9	10	11	12	13	14	15	16	17	18	19	20	21	22	23	24	25	26
P W C	N O D	N O D	N O D	N O D	N O D	N O D	N O D	E M A		M P U	C K V	B N E T	C K V	B N E T		M E M	M F C	M F C	M F C	M F C			A L M		P W C
P W C	N O D	N O D	N O D	N O D	N O D	N O D	S I G	S I G		M P U						M E M	M F C	M F C	L P M C 2	L P M C 2	O P T	O P T	T C I		P W C

图 2-35　SM 主控框正面图

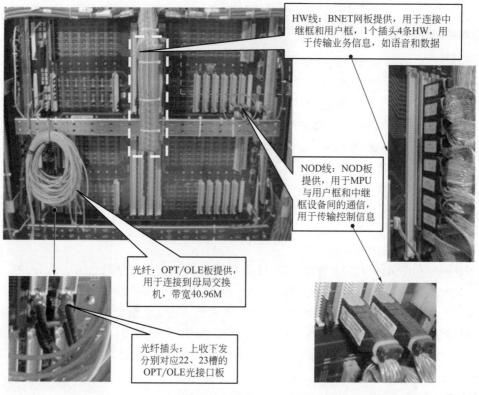

图 2-36　主控框背面图

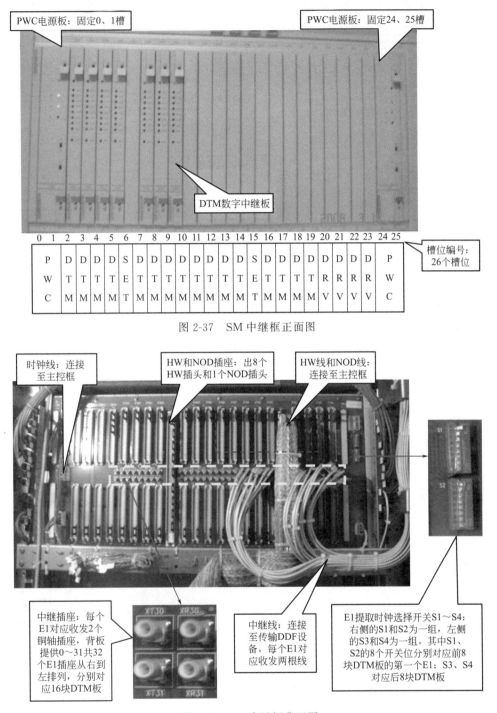

PWC电源板：固定0、1槽

PWC电源板：固定24、25槽

DTM数字中继板

0	1	2	3	4	5	6	7	8	9	10	11	12	13	14	15	16	17	18	19	20	21	22	23	24	25
P	D	D	D	S	D	D	D	D	D	D	D	S	D	D	D	D	D	D	D	D	D	D	D	P	
W	T	T	T	E	T	T	T	T	T	T	T	E	T	T	T	T	T	T	R	R	R	R	R	W	
C	M	M	M	T	M	M	M	M	M	M	M	T	M	M	M	M	M	M	V	V	V	V	V	C	

槽位编号：
26个槽位

图 2-37 SM 中继框正面图

时钟线：连接至主控框

HW和NOD插座：出8个HW插头和1个NOD插头

HW线和NOD线：连接至主控框

中继插座：每个E1对应收发2个铜轴插座，背板提供0～31共32个E1插座从右到左排列，分别对应16块DTM板

中继线：连接至传输DDF设备。每个E1对应收发两根线

E1提取时钟选择开关S1～S4：右侧的S1和S2为一组，左侧的S3和S4为一组。其中S1、S2的8个开关位分别对应前8块DTM板的第一个E1；S3、S4对应后8块DTM板

图 2-38 SM 中继框背面图

2.4.2.4 用户框

用户框正面图如图 2-39 所示。

SM 用户框提供 19 个业务板槽位，当业务板为 16 路 ASL 用户板时，每框最多可提供 304 路模拟用户。用户框可以插 DRV 板、PWX 板、TSS 板和 ASL 等业务板。其中 0～1、

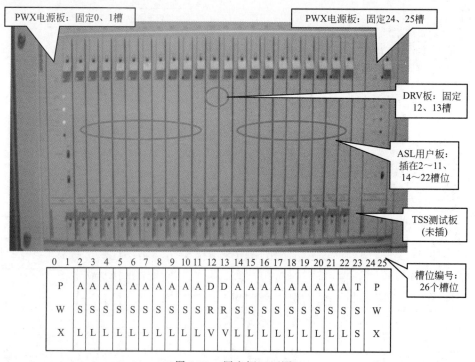

0	1	2	3	4	5	6	7	8	9	10	11	12	13	14	15	16	17	18	19	20	21	22	23	24	25
P	A	A	A	A	A	A	A	A	A	A	A	D	D	A	A	A	A	A	A	A	A	A	T	P
W	S	S	S	S	S	S	S	S	S	S	S	R	R	S	S	S	S	S	S	S	S	S	S	W
X	L	L	L	L	L	L	L	L	L	L	L	V	V	L	L	L	L	L	L	L	L	S		X

图 2-39 用户框正面图

24～25 槽用于 PWX 电源板（占 2 个槽位）；12～13 槽用于 DRV 板；2～8、11～17 槽用于 ASL 用户板；1 个 SM 用户机柜满配置 6 个用户框，可提供 1824 个模拟用户。

用户框背面图如图 2-40 所示。

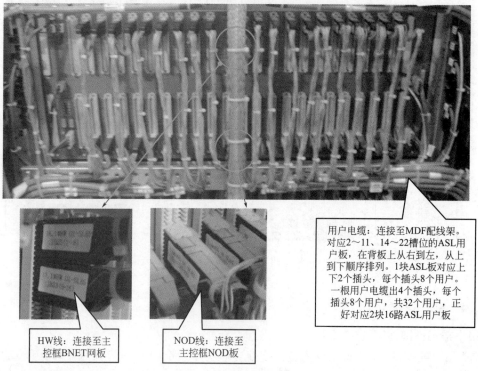

图 2-40 用户框背面图

用户框两侧接口如图 2-41 所示。

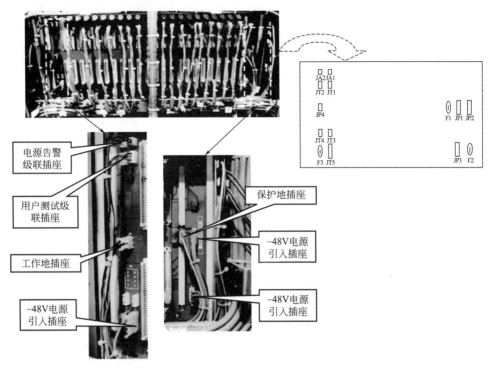

图 2-41　用户框两侧接口

图 2-41 中，JA1、JA2 为二次电源告警信号级联插座；JT1～JT4 为用户内、外线测试级联座；JP1～JP5 各种电源引入插座；F1～F3 为嵌插式熔断丝（保险管），其最大工作电流为 5A。

2.4.3　SM 设备各单板简介

2.4.3.1　MPU 主控板

MPU 主控板是模块内的中央处理单元，负责对 SM 的各类设备进行控制，MPU 主控板如图 2-42 所示。

MPU 主控板可带电插拔，需注意设备内有两块 MPU 主控板，为主备关系，不可同时拔出，否则系统中断。

MPU 主控板指示灯如图 2-43 所示。

MPU 主控板指示灯含义见表 2-1。

表 2-1　MPU 主控板指示灯含义

指示灯	颜色	说明
RUN	红	运行灯,运行时快闪
MUI	黄	本板主用时亮,备用时灭
BUI	绿	本板主用时灭,备用时亮
DPE	黄	数据存储器(Flash Memory)写保护灯,允许写时亮

续表

指示灯	颜色	说明
DWR	绿	数据存储器(Flash Memory)写进行灯,允数据时亮
PPE	黄	程序存储器(Flash Memory)写保护灯,允许写时亮
PWR	绿	程序存储器(Flash Memory)写进行灯,写数据时亮
LAD	黄	加载灯,主机程序/数据加载时快闪

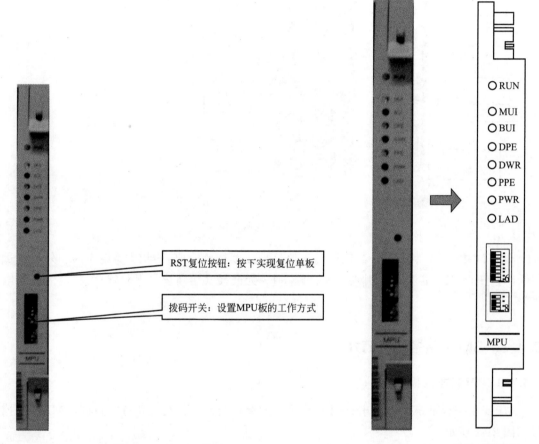

图 2-42　MPU 主控板　　　　　　图 2-43　MPU 主控板指示灯

MPU 拨码开关含义如图 2-44 所示。

主用 MPU 正常工作时，RUN 灯慢闪，MUI、PPE、DPE 长亮，其余灯熄灭。如图 2-45 所示。

备用 MPU 正常工作时，RUN 灯慢闪，BUI、PPE、DPE 长亮，其余灯熄灭。如图 2-46 所示。

系统正常工作时，两块 MPU 主控板一块工作在主用状态，另一块工作在备用状态。

通过单板指示灯确定其运行状态，发现异常时应及时通知监控中心，当两块 MPU 均故障时系统将会中断。

MPU 板不可随意拔出，其处理和更换需要在技术支持人员指挥下完成。

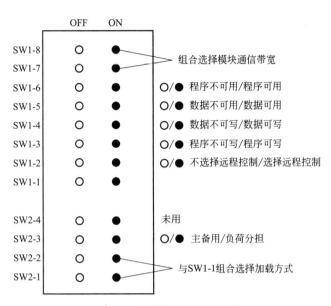

图 2-44 MPU 拨码开关含义

图 2-45 主用 MPU 正常工作图

图 2-46 备用 MPU 正常工作图

2.4.3.2 BNET 板的认识

BNET 位于系统的主控框内,是系统自身控制、维护通信链路的交换中心,同时也是话音通信和数据通信的交换中心。BNET 板如图 2-47 所示。

BNET 板上运行灯颜色、含义及状态说明见表 2-2。

表 2-2 BNET 板上运行灯颜色、含义及状态说明

指示灯	颜色	含义	正常状态
RUN	红	网板自检正常及 FSK 开工指示灯,正常时 1s 亮 1s 灭	1s 闪
ACT	绿	主/备用指示灯,本板主用亮,备用灭	亮/灭
ANT	绿	对板在位指示灯,即两板均在位时亮,只一板在位时灭	亮/灭

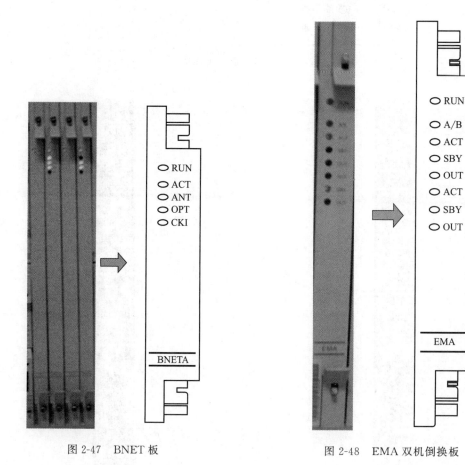

图 2-47 BNET 板   图 2-48 EMA 双机倒换板

2.4.3.3 EMA 双机倒换板

EMA 双机倒换板主要用于控制双机倒换及数据备份。EMA 双机倒换板如图 2-48 所示。

EMA 双机倒换板上运行灯颜色、含义及状态说明见表 2-3。

表 2-3　EMA 双机倒换板上运行灯颜色、含义及状态说明

指示灯	颜色	含义	说明	正常状态
RUN	红	EMA 板工作运行灯	EMA 板工作运行灯,正常时 1s 闪 1s 灭	闪
A/B	绿	主用机指示灯	主用机指示灯,A 机主用亮,B 机主用灭	亮/灭
ACT	绿	A 机主用灯	A 机主用时亮	亮/灭
SBY	绿	A 机备用灯	A 机备用时亮	灭/亮
OUT	绿	A 机离线灯	A 机离线时亮	灭
ACT	绿	B 机主用灯	B 机主用时亮	灭/亮
SBY	绿	B 机备用灯	B 机备用时亮	亮/灭
OUT	绿	B 机离线灯	B 机离线时亮	灭

注：从机柜正面看，EMA 上边的为 MPUA，下边的为 MPUB。

2.4.3.4　NOD 主节点板的认识

NOD 主节点板提供了主机与各单板进行高层通信的通道，一块主节点板上有四路独立的主节点，每路主节点在微处理器的控制下与主机和从节点通信。每块 NOD 板通过一条串口电缆接到各主节点所带的从节点串口上，如用户框、数字模拟中继拼接框的串口上。连线正确是交换机通信控制系统正常工作的前提。NOD 主节点板如图 2-49 所示。

NOD 主节点板上运行灯、颜色及状态说明如表 2-4 所示。

表 2-4　NOD 主节点板上运行灯、颜色及状态说明

指示灯	颜色	说明
RUN	红	电源指示灯,正常时每 2s 闪 1 次
NOD0	绿	第一路主节点工作指示灯,正常时每 2s 闪 1 次
NOD1	绿	第二路主节点工作指示灯,正常时每 2s 闪 1 次
NOD2	绿	第三路主节点工作指示灯,正常时每 2s 闪 1 次
NOD3	绿	第四路主节点工作指示灯,正常时每 2s 闪 1 次

2.4.3.5　OPT 光接口板

OPT 光接口板共有 2 个 OPT 槽位，都位于下框，提供 1 路 40Mbit/s 的物理光通路到 AM/CM 的 FBI/FBC 板。OPT 光接口板如图 2-50 所示。

OPT 正常工作时，RUN 红灯慢闪，ACT 绿灯长亮。OPT 光接口板中指示灯、颜色及说明见表 2-5。

表 2-5　OPT 光接口板中指示灯、颜色及说明

指示灯	颜色	说明
RUN	红	运行灯,CPU 运行时每 2s 闪 1 次
ACT	绿	主备用指示灯,本板主用时亮,备用时灭
RNL	绿	无光灯,光路接收无光时亮,正常时灭
LFA	绿	失步灯同步丢失时亮,同步时灭
BER	绿	误码灯,接收有误码时亮,正常时灭

续表

指示灯	颜色	说明
RMT	绿	对告灯,对端(FBI)故障时亮,正常时灭
LOF	绿	失锁灯,锁相环失锁时亮
LOP	绿	环回测试灯,做环回测试时亮
LFAP	绿	HDLC 链路失步灯,失步时亮
DONE	绿	FPGA 加载灯,加载不成功时亮

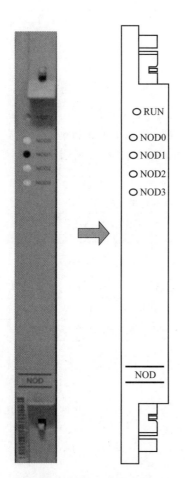

图 2-49 NOD 主节点板

图 2-50 OPT 光接口板

2.4.3.6 DTM 数字中继板

DTM 数字中继板提供 2 路 E1（32 时隙）PCM 接口与其他交换机相接，为不同协议接口（如 TUP，ISUP，PRA，V5TK，IDT，RDT）提供物理链路。DTM 数字中继板如图 2-51 所示。

DTM 数字中继板上指示灯、颜色及说明见表 2-6。

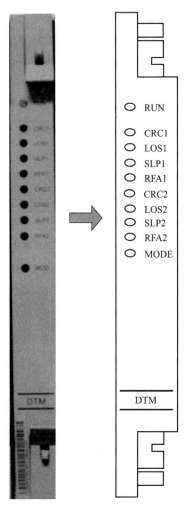

图 2-51　DTM 数字中继板

表 2-6　**DTM 数字中继板上指示灯、颜色及说明**

指示灯	颜色	说明
RUN	红	运行灯,CPU 运行时每 2s 闪 1 次;易于 NOD 通信上但未配置本板时,每 0.5s 闪一次;灭指示 DTM 与 NOD 通讯失效
CRC1	绿	第 1 路 CRC4 检验出错指示灯,亮指示第 1 路 CRC4 检验出错;灭指示第 1 路 CRC4 检验正常
LOS1	绿	第 1 路信号失步指示灯,亮指示第路信号有失步;灭指示第 1 路信号工作正常
SLP1	绿	第 1 路信号滑帧指示灯,亮指示第 1 路信号有滑帧;灭指示第 1 路信号工作正常
RFA1	绿	第 1 路信号远端告警指示灯,亮指示第 1 路信号远端告警或对告;灭指示第 1 路信号工作正常
CRC2	绿	第 2 路 CRC4 检验出错指示灯,亮指示第 2 路 CRC4 检验出错;灭指示第 2 路 CRC4 检验正常
LOS2	绿	第 2 路信号失步指示灯,亮指示第 2 路信号有失步;灭指示第 2 路信号工作正常
SLP2	绿	第 2 路信号滑帧指示灯,亮指示第 2 路信号有滑帧;灭指示第 2 路信号工作正常
RFA2	绿	第 2 路信号远端告警指示灯,亮指示第 2 路信号远告警或对告;灭指示第 2 路信号工作正常
MOD	绿	工作方式指示灯,亮表示 DT 工作在 CAS(1 号信号)模式;灭表示 DTM 工作在 CCS(7 号信令)模式

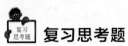 **复习思考题**

一、填空题

1. 程控数字交换机的基本结构分为_____子系统和_____子系统。

2. 话路子系统主要由_____和_____组成。

3. _____是数字程控交换机与用户以及与其他交换机相连的物理连接部分。

4. _____的作用是完成外部信号与数字程控交换机内部信号的转换。

5. 程控交换机的馈电电压一般为_____V。

二、选择题

1. 在数字交换中表示模拟用户接口电路的功能时，字母"H"表示的是（　　）。

A. 馈电　　　　　B. 测试控制　　　　　C. 混合电路　　　　　D. 编译码和滤波

2. 为便于对多个模块进行管理，需对所有模块全局统一编号。AM 固定编为（　　），SM 从（　　）开始编号；SM 做单模块局时固定编号为（　　）。

A. 0,1,1　　　B. 1,0,1　　　　　C. 0,0,1　　　　　D. 1,0,0

3. 每个机框可容纳（　　）个标准槽位，槽位编号从左到右依次为（　　）。

A. 26，0～25　B. 25，1～25　　　C. 26，1～26　　　D. 25，0～24

4. AM 和 SM 之间采用（　　）进行连接通信，组成多模块交换机系统。

A. 电缆　　　B. 光纤　　　　　C. 双绞线　　　　　D. 网线

5. 1个 SM 机架最大配置为（　　）个机框，机框从下至上排列，在一个模块内统一编号。

A. 4　　　　　B. 5　　　　　　C. 6　　　　　　D. 7

三、判断题

1. 程控交换机话路部分中的用户模块的主要功能是向用户终端提供接口电路，完成用户话务的集中和扩散，以及对用户侧的话路进行必要控制。（　　）

2. 中继模块是程控数字交换机与局间中继线的接口设备，完成与其他交换设备的连接从而组成整个电话通信网。（　　）

3. 交换机通过馈电电路来完成向用户话机发送符合规定的电压和电流。（　　）

4. 在交换机中，中继器是主要的外围部件，用来连接交换机外部的局间中继线，主要作用是提供中继线的接口电路。（　　）

5. 呼损的计算方法是忙时损失的话务与忙时总话务量之比，即 $P = A_损/A_入$。（　　）

6. 多个 SM 和 AM 构成多模块局，也可以独立构成单模块局，当 SM 单模块成局时，不需要 AM/CM，不需要接 BAM。（　　）

7. 为便于对多个模块进行管理，需对所有模块全局统一编号。AM 固定编为 0，SM 从 1 开始编号；SM 做单模块局时固定编号为 0。（　　）

8. 1个 SM 机架最大配置为 6 个机框，机框从上至下排列，在一个模块内统一编号。（　　）

9. 1个中继框满配可插16块DTM板，提供32个E1，电路编号从右往左。　　（　　）

10. PWC板与PWX板可以互换使用。　　（　　）

四、简答题

1. 程控交换系统由几部分组成？各部分的功能是什么？

2. 解释N+1工作方式。

3. 简述前管理模块FAM、后管理模块BAM和通信模块CM的主要功能。

4. 简述交换模块SM的主要功能。

5. 简述PWX二次电源板的更换方法。

6. 简述ASL模拟用户接口板的故障判断及处理方法。

7. 简述DTM数字中继板的故障判断及处理方法。

8. 更换故障单板时，需要对单板进行拔插，简述单板拔插方法。

第3章

程控交换机的硬件配置

本章概要

本章主要完成对程控交换机硬件配置的认识，需要对照实际设备对交换机各种硬件进行认知，主要包括对 C&C08 交换机的硬件配置以及硬件连线。通过本章系统学习，对 C&C08 程控交换机硬件配置有一个总体认识。

教学目标

1. 在熟悉 C&C08 交换机硬件配置的基础上，熟练掌握各单板的作用、各单板之间的连接以及信号的传输路径

2. 熟悉 C&C08 程控交换实验平台的配置

3.1 C&C08 交换机的硬件配置

3.1.1 C&C08 交换机 AM/CM 模块的硬件配置

3.1.1.1 管理/通信（AM/CM）模块

管理/通信（AM/CM）是 C&C08 的枢纽部件，主要负责完成核心控制与核心交换功能。其总体结构图如图 3-1 所示。其中 MCC 为 AM/CM 的通信控制单元，主要完成对整个系统的管理和控制，并完成模块间的信令交换等功能；SNT 为信令交换网板，是 32 模块（AM32）的信令交换中心，用以完成各模块间信令信息的交换，完成 2k*2k 时隙的交换；CTN 板是 C&C08 交换机的中心交换网板，它是各模块间通信的桥梁，由它完成模块间的接续，两个模块之间的用户经 CTN 板的话音流程为：ASL→DRV→BNET→OPT（OLE）光纤→FBI(FLE)→CTN→FBI(FLE)→光纤→OPT（OLE）→BNET→DRV→ASL；FBC 和 E16 为 AM/CM 的传输接口单元，FBC 为 20.96Mbit/s 的光纤接口，E16 为标准的 E1 接口，用于接入交换模块 SM，完成 SM 与 AM/CM 的互连；CKS 为 AM/CM 的时钟单元，根据需要提供 32MHz、8MHz、2MHz、1MHz、8kHz 和 4kHz 的时钟信号。

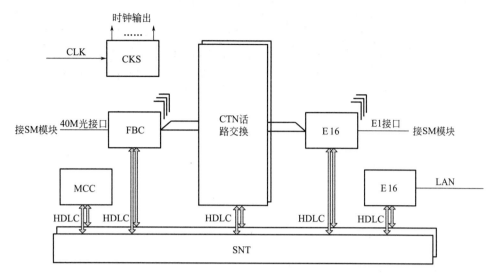

图 3-1　管理/通信（AM/CM）模块的总体结构

BAM—后管理模块；CLK—时钟信号；CKS—时钟板；CTN—中央交换网板；DT—数字中继；

E16—16 路 E1 接口板；FBC—光电转换板；HDLC—高级数据链路控制规程；

MCC—模块通信控制板；SNT—信令交换网板

3.1.1.2　C&C08 交换机 AM/CM 模块的机框配置

C&C08 交换机 AM/CM 模块的机框类型有 3 种：控制框、接口框和时钟框。控制框主要实现和 SM 模块进行话路信令交换和通信控制功能，配置包括 2 块 PWC 板（输入为－48V DC，输出为＋5V/20A DC）、1 块 ALM 板、12 块 MCC 板（MCCM 和 MCCS）和 2 块 SNT 板（信令交换网板），如图 3-2(a) 所示；接口框主要用于连出光纤和 SM 进行信令、控制等信息的通信，配置包括 4 块 PWC 板、2 块 CNT 板（中央交换网板）和 32 块 FBC 板，或者 4 块 PWC 板、2 块 CNT 板和 32 块 E16 板，或者 4 块 PWC 板、2 块 CTN 板、8 块 E16 板和 24 块 FBC 板，如图 3-2(b) 所示；时钟框主要为系统提供所需的时钟，配置包括 2 块 PWC 板（输入为－48VDC，输出为＋5V/20ADC）和 2 块 CKS 板（提供二、三级时钟），如图 3-2(c) 所示。

在 AM/CM 模块中所有机框的统一物理顺序编号，值域为 0～25。AM/CM 模块面板图如图 3-3 所示。

3.1.2　远端用户模块的硬件配置

远端用户模块与 SM 的连接方式有两种，分别为 RSA 框方式接入和 RSA 板与使用 LA-PRSA 板＋RSP 板的 RSP 框方式接入。其中 RSA 板接入分为局端（近端）和远端两种，当采用 RSA 板接入时，两者之间通过 2 条 2.048Mbit/s 的 E1 接口以 75Ω 同轴电缆相连。近端 RSA 接口框最大配置情况如图 3-4 所示。

RSA 框远端配置就是将 RSA 板、DRV 板和 ASL 板配置在同一个框内，每框可以提供 256 个用户。其配置框图如图 3-5 所示。

00	01	02	03	04	05	06	07	08	09	10	11	12	13	14	15	16	17	18	19	20	21	22	23	24	25
	PWC		ALM	MCC11	MCC10	MCC09	MCC08	MCC07	MCC06	MCC05	MCC04	MCC03	MCC02	MCC01	MCC00					SNT1	SNT0	PWC			

(a) 控制框板位配置图

00	01	02	03	04	05	06	07	08	09	10	11	12	13	14	15	16	17	18	19	20	21	22	23	24	25
PWC	FBC00	FBC01	FBC02	FBC03	FBC04	FBC05	FBC06	FBC07			CTN0		CTN1			FBC16	FBC17	FBC18	FBC19	FBC20	FBC21	FBC22	FBC23	PWC	
PWC	FBC08	FBC09	FBC10	FBC11	FBC12	FBC13	FBC14	FBC15			CTN0		CTN1			FBC24	FBC25	FBC26	FBC27	FBC28	FBC29	FBC30	FBC31	PWC	

(b) 接口框板位配置图

00	01	02	03	04	05	06	07	08	09	10	11	12	13	14	15	16	17	18	19	20	21	22	23	24	25
PWC				CKS0		CKS1				PWC															

(c) 时钟框板位配置图

图 3-2　C&C08 交换机 AM/CM 模块机框配置图

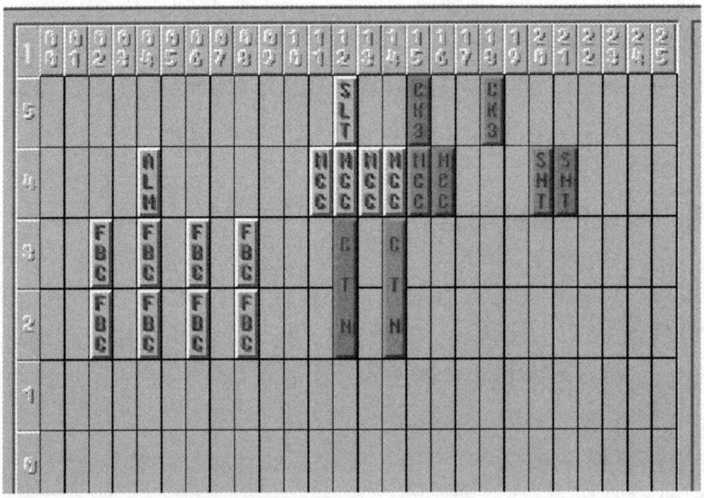

图 3-3　AM/CM 模块面板图

0	1	2	3	4	5	6	7	8	9	10	11	12	13	14	15	16	17	18	19	20	21	22	23	24	25
			PWX				RSA	RSA		RSA	RSA		RSA	RSA		RSA	RSA						PWX		

图 3-4　近端 RSA 接口框最大配置图

0	1	2	3	4	5	6	7	8	9	10	11	12	13	14	15	16	17	18	19	20	21	22	23	24	25
PWX	ASL	ASL	ASL	ASL	ASL	ASL	ASL	ASL	ASL	DRV	RSA	RSA	DRV	ASL	ASL	ASL	ASL	ASL	ASL	ASL	ASL	TSS	PWX		

图 3-5　RSA 框远端配置图

远端 RSP 接口框配置是用 RSP 板通过中继线与近端中继框中的 RDT（DTM）配成。

硬件配置遵循的是由大到小的原则：配模块→配功能框→配单板。SM 最多有 8 个机架，在全局同一编号，SM 模块的一个机架包含 6 个功能框，机框编号从 0 开始，由下向上，由近向远，在同一模块内统一编号，编号范围为 0～47。在一个 SM 机架中常用的机框有：主控框、中继框和用户框，下面重点介绍这三种机框的配置。

3.1.2.1　主控框配置

主控框是交换模块 SM 的控制中心和话路中心，负责整个模块的设备管理和接续控制，主要由主处理机（MPU，简称主机）、模块内部通信主控制点（NOD，俗称主节点）、模块通信板（LPMC2）、光纤接口板（OPT）、模块内交换网板（BNET）、存储板（MEM）、音信号板（SIG）和信令处理板（LPN7、LPV5、LPRSA、LPRA、MFC）等构成，上述单板除了信令处理板外均可按主备用方式配置，满配时如图 3-6 所示。当 SM 为远端模块 RSM 时，OPT 板应换成 OLE 板。

0	1	2	3	4	5	6	7	8	9	10	11	12	13	14	15	16	17	18	19	20	21	22	23	24	25
PWC	NOD	NOD	NOD	NOD	NOD	NOD	EMA			MPU	CKV	BNET		BNET		MEM	MFC	MFC	MFC	MFC			ALM		PWC
PWC	NOD	NOD	NOD	NOD	NOD	SIG	SIG			MPU		BNET		BNET		MEM	MFC	MFC	LAPMC2	LAPMC2	OPT	OPT	TCT		PWC

图 3-6　SM 主控框配置图

主控框是由一块大背母板外加其他功能板件构成，具体如下。

（1）MPU 板

交换机主处理板，是整个交换机的核心部分，主要用于处理 SM 模块的各种业务，完成

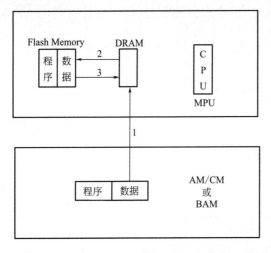

图 3-7　MPU 单板结构图

对主控框内其他单板的控制。2 块 MPU 互为主备用，为热备份状态，上框的 MPU 也称 A 机，下框的 MPU 也称 B 机，通常开机是默认 A 机为主用。MPU 板的主要功能有：通过 NOD 控制用户和中继电路、接收用户和中继的状态，并对其发出相应的命令；针对用户状态，控制 SIG 板送出相应的信号音和语音信号；根据本局用户和中继状态，控制 MFC 板接收和发送 MFC 信号；控制交换网板 NET 对呼叫接续进行处理；以邮箱方式通过通信板（MC2，LAPMC2）与其他模块通信；通过 HDLC 同步串口与后台通信，并由此进行主机软件加载；通过 EMA 进行主备切换和主机数据热备份。其单板结构如图 3-7 所示。

（2）NOD 板

主要用于 MPU 和用户/中继各功能从节点（从节点是从控制点的俗称，是指用户线、中继线等接口功能电路板上的微处理器）之间的通信，起到桥梁的作用。每块 NOD 板提供 4 路主节点，每路主节点包括 1 个邮箱、1 个 CPU、1 个串口。它提供了主机与各单板进行高层通信的通道，各主节点与主机通过邮箱连接，与各单板通过串口以广播方式通信，负责将邮箱来的主机信息与串口来的从节点信息进行交换，实时地上报从节点的状态变化。在主控制板上共 11 个 NOD 槽位，上框 6 个，下框 5 个。一般从上框的 2 号槽开始插。可以根据实际用户/中继数量的多少进行配置。

主处理机 MPU、模块内通信主节点（NOD）和从节点 CPU 之间采用 3 级控制：主处理机（MPU），然后是 NOD 和从控制点 CPU，三者之间的关系如图 3-8 所示。

（3）SIG 板（信号音板）

交换机重要部件之一，用于提供交换机接续时所需要的各种信号音，如连续提示音（拨号音、忙音）、辅助代答、新业务提示，以及报时、天气预报等语音。SIG 信号音板采用专用的信号音处理软件，对于不同指标要求的信号音可形成相应的数据文件，语音也可录制成数据文件；将不同国家和地区要求的信号音和语音合成不同的文件组，开局时根据需要选择加载信号音文件即可满足各种不同的需求。当需要改变语音内容时，可以现场录制，现场加载。

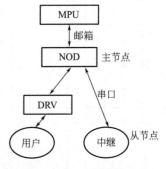

图 3-8　MPU、NOD 和 CPU 之间的关系

SIG 单板实现对单板软件和所有数据文件的加载，将单板软件和数据文件放在 BAM 中作为主机软件的若干个文件进行管理。交换机在接续过程中所需的全部数字音信号由数字音信号电路（SIG）产生，而对应的模拟信号则由其他电路转换生成。在整个交换机系统中，数字音信号电路（SIG）与其他部分的关系如图 3-9 所示。

SIG 电路受控于 MPU 电路，其工作状态、放音内容均由 MPU 电路以命令或表格方式

通过总线通信方式下达给 SIG 电路，语
音信号的出入则以 2.048Mbit/s PCM 方
式（E1 接口）与 BNET 板相连后提供，
一套 SIG 电路可接 2 条 PCM 的 HW 线，
使得在任一时刻能提供存储器所存语音
中的 128 种语音，并可用任一条 HW 通
道对四个可录音时隙之一进行录音。

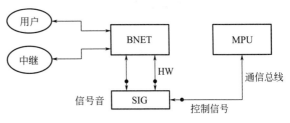

图 3-9　数字音信号电路（SIG）所处位置

（4）EMA 板

双机倒换板，用于监视主备 MPU 之间的工作状态。EMA 板原理如图 3-10（虚框内）
所示。

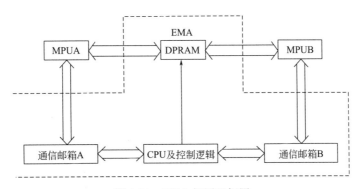

图 3-10　EMA 板原理框图

图 3-10 中 EMA 板上 CPU 通过 2 个通信邮箱 A、B 与主、备机 MPU A、MPU B 交换
信息，监视双机软件执行情况。在交换机上电后，由状态裁决 MPU A 为主用机，MPU B
为备用机。当主用机工作出现故障时，由 EMA 执行主、备机的自动倒换。DPRAM 是大邮
箱，供双机随时备份数据。倒换时，EMA 先从主机分消息块读出数据并存入 DPRAM，然
后写进备机，依次循环，直至数据读写完毕，最后 EMA 比较主备机的数据，确认完全一致
后，把控制权交给备机。在 MPU 单配置情况下，EMA 不起作用。

（5）BNET 板

中心交换网板，交换机重要部件之一。它有 128 条 HW 线，其中 64 条 HW 固定分配给
系统资源，另外 64 条 HW 自由分配给用户和中继。BENT 板可以完成本 SM 内部两个用户
之间的话音和数据信息交换，同时它还可以和中心交换网络一起实现不同 SM 用户间信息的
交换，其交换速率为 2Mbit/s。一块主控制板中有两块 BNET 板，处于主备用热备份状态，
一般开机默认左边的 BNET 板为主用。

模块交换网络可以完成基本的语音交换，还支持 64 时隙的会议电话、32 时隙 FSK（频
移键控）的主叫号码识别显示及向主叫送呼叫等待音，以及 64 时隙的信号音。模块交换网
络结构如图 3-11 所示。

交换模块（SM）内部用户之间的话路仅通过该 SM 的 BNET 交换，呼叫接续过程如图
3-12 所示。SM 模块内的一个用户打电话给另一个用户时，主机通过主节点（NOD）控制
双音多频驱动板（DRV）进行收号，在分析完被叫号码以及确定有空闲的时隙后，主机控
制网板 BNETA 将对应于主叫用户的时隙和被叫用户的时隙进行交换，从而实现主、被叫方
的通话。

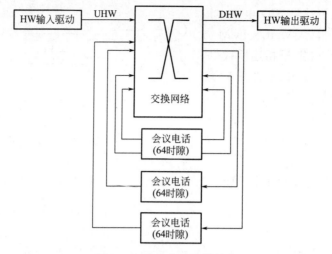

图 3-11　模块交换网络结构

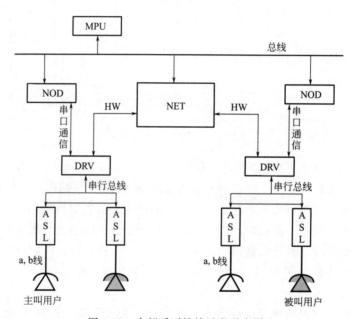

图 3-12　内部呼叫接续过程示意图

模块内交换话音流程：ASL→DRV→BNETA→DRV→ASL

（6）CKV 网络驱动板

驱动功能单元（用户框和中继框）的差分时钟信号，为 NET 板提供信号的硬件驱动，当成 BNET 板的一部分。没有 CPU，无需数据设定，CKV 的状态与 BNET 是一致的。

（7）No. 7、MFC、MEM、LPN7、LPV5、LPRA、LPRSA 板槽位兼容，均可以插在 MFC 槽位，但在 MEM 槽位只能插 MEM 板。其中，LAP 板是 LAPN7、LAPV5、LAPHI、LAPRA、LAPRSA、LAPMC2 等协议处理板的统称，主要功能是在出中继时，完成信令数据链路层的协议处理；每块 No. 7 板提供 2 条 MTP 信令链路；No. 7 信令处理板 LPN7，提供 4 条 MTP 信令链路；V5.2 协议处理板 LPV5，提供 8 路协议处理，可支持 8 组 V5.2 接口（每组 1～16 条 E1）；30B＋D 协议处理板 LPRA，提供 8 路协议处理，可支持 30B＋D 接口（每路 30B＋D 含 1 条 E1）；RSA 内部协议处理板 LAPRSA，可提供 32 路远端模块 RSA 接口；LAPMC2 为模块通信板，在系统中的槽位是固定的，每板提供 1 路 2Mbit/s 的 HDLC，完成各 SM 模块之间，SM 与 AM 之间的管理数据、呼叫处理、计费、话务统计、维护测试等信息的传输。

（8）MFC 板

多频互控板，提供 16 路或 32 路双音多频互控信号，开 No.1 中继电路必备板件。一个主控框中共有 8 个 MFC 槽位。

MFC 在采用中国 1 号信令系统作为局间信令时完成多频信号的接收和发送。可通过数据设定设置成 16 路或 32 路。发送局间多频信号时，单片机根据主机命令，控制数字信号处理器产生所要求的多频信号，并通过本板的交换网络交换到 UHW 上。数字信号处理器接收到的号码放在其外部的 EPLD 中，由单片机通过并口读取。32 路多频记发器信号的发送与接收采用一片高速数字信号处理器来处理。

DHW 和 UHW 的时隙一一对应形成 32 个 MFC 收发器，如果第 i 个收发器被占用，则 DHW 上第 i 个时隙和 UHW 上的第 i 个时隙同时被占用。如果是前向占用，则在 DHW 的第 i 个时隙接收后向信号，并在 UHW 的第 i 个时隙发前向信号；反之，若是后向占用，则在 DHW 的第 i 个时隙接收前向信号，并在 UHW 的第 i 个时隙中发送后向信号。

互控过程的实现：主机通过邮箱下达前向占用第 X 个收发器的命令，单片机再通过 DSP 准备接收对端的后向信号。

（9）ALM 板

告警板，为外接告警箱提供信号驱动和连接功能。ALM 板提供 8 个异步串口，其中 4 个 RS-232 口可连接 PRT 打印卡，用于传送计费信息（营业厅计费规模很小时用），4 个 RS-422 用于连接告警箱和时钟框等设备。ALM 板同时提供 2 路 64kbit/sHDLC 同步串口与网板相连，占 HW 的两个时隙。通过 E1 口可连到远端网管中心，便于机房实现无人看守。单板程序载体采用 FLASH MEMORY，可通过任一串口或邮箱进行加载，便于远程维护。

（10）PWC 板　二次电源板，为主控框提供 $+/-12V$，$+/-5V$ 工作电压。

3.1.2.2　中继框

为交换机提供中继电路功能，数字中继框配置如图 3-13 所示。

0	1	2	3	4	5	6	7	8	9	10	11	12	13	14	15	16	17	18	19	20	21	22	23	24	25
	PWC	DTM	DTM	DTM	DTM	SET	DTM	DTM	DTM	DTM	DTM	DTM	DTM	SET	DTM	DTM	DTM	DTM	DTM	DRV	DRV	DRV	DRV		PWC

图 3-13　数字中继框配置如图

SM 数字中继框共 16 个 DTM 槽位，DTM 板的数量根据所需中继数配置，按每块 DTM60 路数字中继计算，一个数字中继框可提供 960 路 DT，每个 SM 最多配 24 块板，提供 1440 条话路。每块 DTM 板提供 2 个 2M（PCM30/32 口或 E1）接口，可以配合不同的单板软件及不同的协议处理板配置成以下几种单板。

（1）DTM

2M 中继电路板，在 MFC 多频互控板的配合下，实现 1 号信令局间连接。

（2）TUP

在 No.7 板或 LPN7 的配合下，实现 No.7 信令局间连接传送电话业务。

（3）ISUP

在 No.7 板或 LPN7 的配合下，实现 No.7 信令局间连接传送 ISDN 业务。

（4）V5TK

即 V5.1/5.2，在 LPV5 的配合下，实现接入网标准接口。

（5）PRA

在 LPRA 板的配合下，实现 ISDN 的局间连接，提供 30B＋D 接口。

（6）IDT

与 No.7 或 LPN7 配合，用内部 No.7 的方式接入远端模块 RSMII。

（7）RDT

与 LPRSA 板配合，用 LAPRSA 协议的方式接入远端用户模块 RSA。

（8）SET 板

为 HW 和 NOD 的配线座，2 个 SET 分别提供半框 HW 和 NOD 的配线，不需插板。
PWC 板是二次电源板，为中继框提供＋/－12V，＋/－5V 工作电压。

3.1.2.3 用户框

为交换机系统提供用户电路接口（即提供电话接口）。用户框配置如图 3-14 所示。

0	1	2	3	4	5	6	7	8	9	10	11	12	13	14	15	16	17	18	19	20	21	22	23	24	25
P W C	A S L	A S L	A S L	A S L	A S L	A S L	A S L	A S L	A S L	A S L	D R V	D R V	A S L	A S L	A S L	A S L	A S L	A S L	A S L	A S L	A S L	T S S	P W C

图 3-14　用户框配置图

SM 的每个用户框有两种，一种是普通用户框，一种是 32 路用户框，两种用户框都是 19 个 ASL 槽位，2 个 DRV 槽位。32 路用户框中 ASL 槽位除了兼容普通用户框中的 ASL16 板、DSL 板、DIU 板、AVM 板外还兼容 ASL32 板。这里重点介绍 32 路用户框中的单板。

（1）ASL32 板

32 路模拟用户电路板，在主机（MPU）控制下，用户板（ASL）上的单片机完成对用户线状态的检测和上报。ASL 是用户模块的终端电路部分。按照所接模拟用户线的数目可将用户板分为 16 路模拟用户板和 32 路模拟用户板，ASL32 为 32 路模拟用户板，它只能插在 32 路用户框内。提供 32 路用户电路接口，其中第一 6、17 路可以提供反极性信号。采用单片机（CPU）对 32 路用户电路进行控制，并与上级主节点（NOD）通信。

（2）DSL 板

占 1 个 ASL 槽位，提供 8 个 U 接口（偶数端口），即 ISDN 2B＋D 接口；支持 ISDN 业务，接入 CENTREX 话务台。

（3）DRV32 板

双音驱动板，提供 32 路 DTMF 双音多频信号的收发和解码，并对 ASL32 板提供驱动电路。DRV32 是为配合 32 路用户框使用而设计的。每个用户组有两块互助的 DRV32 板，每块 DRV32 板拥有 32 个双音多频收号器。DRV32 板采用数字信号处理器（DSP）实现双音多频的收发功能。当需要进行 DTMF 收号时，主机通过主节点对 DRV32 板上的单片机下发命令，CPU 控制交换网络的相应的时隙交换到数字信号处理器的同步串口。数字信号处理器检测到号码后，通过中断上报 CPU。CPU 再经串口上报主机。

（4）PWX 板

二次电源板，输入－48V DC，输出＋/－12V，＋/－5VDC 工作电压、～75V 铃流信号，可为用户框、模拟中继框和 RSA 框供电，为模拟用户和环路中继 AT0 提供铃流。

（5）TSS 板

测试板，位于用户框和模拟中继框，测试用户内外线。为模拟用户提供嚎鸣声，通常两个相邻用户框配置一套 TSS。

SM 从功能上来看，可分为三大功能模块，即模块控制单元、模块通信单元和模块接口单元。其中模块控制单元包括：MPU、NOD 和 SIG；模块通信单元包括：OPT、ALM、MFC、LAP、DTR、MEM 等；接口单元包括用户接口（ASL、DRV）和中继接口（DTM）。主控框中 MPU 和 NOD 与用户框中的 DRV 和 ASL/DSL 之间是三级分散控制，第一级为 MPU（A&B）和 EMA 控制中心；第二级为主控框的其他单板，通过邮箱与 MPU 直接通信；第三极是指其他框中的设备，通过 NOD 与 MPU 通信。三级分散控制依次由主备方式工作的 MPUA、MPUB→NOD→双音驱动板（DRV）承担。其控制结构框图如图 3-15 所示。

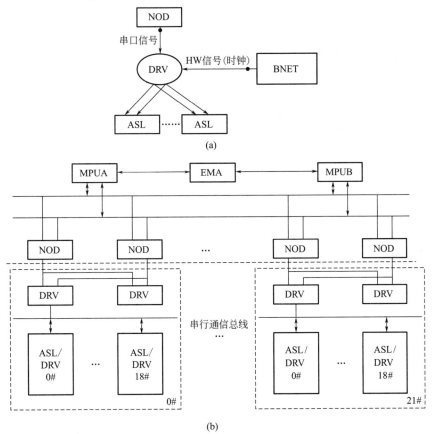

图 3-15　用户交换控制结构框图

信令过程的传输路径：

① 信令在模块内的传输路径：ASL—DRV—NOD—MPU—NOD—DRV—ASL 或 ASL—DRV—NOD—MPU—NOD—DT；

② 信令在模块间的传输路径：ASL—DRV—NOD—MPU—MC2—BNET—OPT—光纤—FBC—SNT—MCCS—MCCS—SNT—FBC—光 纤—OPT—BNET—MC2—MPU—NOD—DRV—ASL。

3.1.3 C&C08 程控交换实验平台配置

C&C08 程控交换实验平台外形结构如图 3-16 所示。C&C08 程控交换实验平台由 BAM 后管理服务器、主控框、时钟框、中继框、用户框、实验用终端共 6 大部分组成。其中主控框、时钟框、中继框和用户框在前面章节中已做介绍，这里不再赘述。

BAM 系统用于和交换机主机通信，并完成对交换机的管理，它由前后台 MCP 通信板、工控机、加载电缆等组成。BAM 通过 MCP 卡与主机交换数据，并通过集线器挂接多个工作站，如图 3-17 所示。

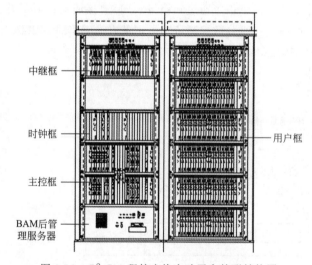

图 3-16 C&C08 程控交换实验平台外形结构图

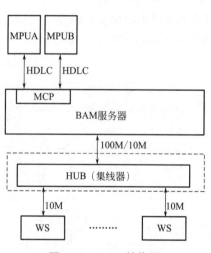

图 3-17 BAM 结构图

BAM 的配置如表 3-1 所示。

表 3-1 BAM 的配置表

名称	规格	配置
前后台通信板	C805MCP	2
加载电缆	AM06FLLA 8 芯双绞加载电缆	2
网络终接器	50Ω 网络终接器	2

C&C08 数字程控交换系统一般带有多台计算机终端（工作站），分别用做维护终端、计费终端等等，完成对程控交换机的设置、数据修改、监视等来达到用户管理的目的。实验平台数字程控交换系统总体配置图如图 3-18 所示。

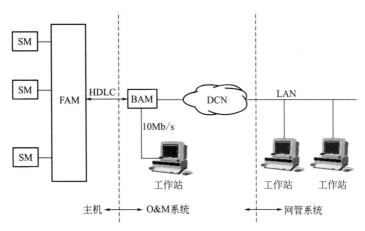

图 3-18 实验平台数字程控交换系统总体配置图

3.2 C&C08 交换机硬件连线

C&C08 交换机硬件连线包括 HW 线、NOD 线、时钟同步线、用户框二次电源告警线以及测试线。本部分重点介绍 HW 线、NOD 线和模块间光纤的连接。

3.2.1 HW 线的连接

HW 线主要用于传输业务信息，如语音、数据等。HW 线分为用户 HW 线和中继 HW 线两种，分别完成用户框和中继框与主控框 BNET 班的连接，实现单 T 时隙交换。每条 HW 电缆由多对双绞线和插头组成。HW 电缆的插头与插座如图 3-19 所示，HW 线的插头为 4 列 8 行 32Pin 插头。

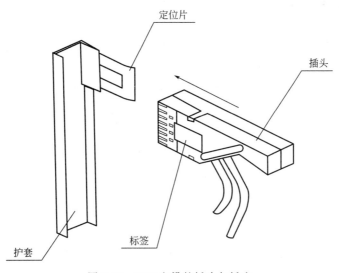

图 3-19 HW 电缆的插头与插座

BNET 板的交换能力为 4096 * 4096 时隙，每条 HW 承载 32 时隙，所以 BNET 板共引出 128 条 HW，其中 64 条供内部使用，64 条自由分配提供给用户和中继。

3.2.1.1　主控框母板侧 HW 线的连接

在主控框模板 MCB 的总配线槽上，每个 HW 插槽连一根 HW 电缆，一根 HW 电缆内有 4 条 HW。MCB 模板中央有四列插座，共 16 个 HW 插槽，可为 2 个用户框或 2 块 DTM 板提供 HW，其中 J1、J2 为主 HW 线的总配线槽（对应主 BNET 板），L1、L2 为备 HW 线的总配线槽（对应备 BNET），MCB 配线槽如图 3-20 所示。

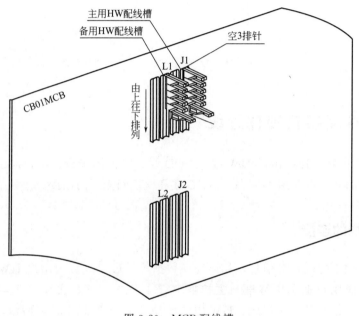

图 3-20　MCB 配线槽

主控框总配线槽的主 HW 线总配线槽的 HW 分配如图 3-21 所示，备 HW 线的总配线槽 L1、L2 也同样分配。

J1 上有 9 个插片，可以安装 9 组 HW 线；J2 上有 7 个插片，可以安装 7 组 HW 线项目 1 与用户框的连接是从上往下排，每组 HW（4 条）分为 2 组，分别连到两个用户框；与中继框的连接是从下至上排，每组 HW 为两块 DTM 板提供 HW。

3.2.1.2　用户 HW 线的连接

（1）主控框母板侧用户 HW 线的连接

主控框母板侧用户 HW 线的连接如图 3-22 所示。

一个用户框需要 2 条 HW，在主控框母板 MCB 的总配线槽上一个 HW 电缆插头包含 4 条 HW，可为 2 个用户框提供 HW。总配线槽上的一组 HW（4 条 HW）分成 2 个分支（如 30.1、30.2），分别连到 2 个用户框上。

主控框母板上 HW 线与用户框 HW 线、数字中继框 HW 线的对应关系是通过 HW 线插头上标签的对应关系来实现的。主控框母板 MCB 上总配线槽一侧的用户 HW 电缆插头标签含义如图 3-23 所示。

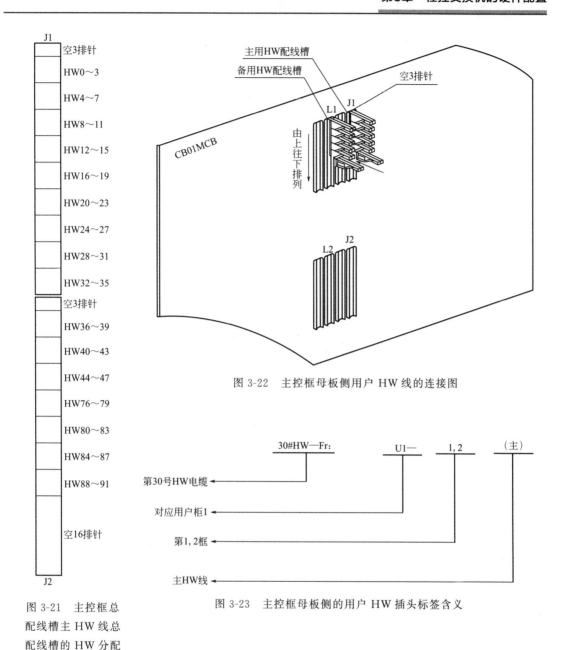

图 3-21 主控框总配线槽主 HW 线总配线槽的 HW 分配

图 3-22 主控框母板侧用户 HW 线的连接图

图 3-23 主控框母板侧的用户 HW 插头标签含义

图 3-23 中"30"只是个逻辑编号，标明了主控框母板 HW 线与用户框 HW 线的对应关系。

（2）用户框母板侧用户 HW 线的连接

用户框母板侧用户 HW 线的连接如图 3-24 所示。

用户框侧 HW 电缆插头依次插接在每块用户框母板 SLB 的 JB23 上端的插接位置。

用户 HW 电缆用户框一侧的插头标签含义如图 3-25 所示。

图 3-25 中，标签表示的是 30.1 号 HW 组即 30 号 HW 组的第一个分支。那么，这个用户框使用了 30 号 HW 组中的前 2 条 HW。

图 3-26 所示为用户 HW 线的连接。

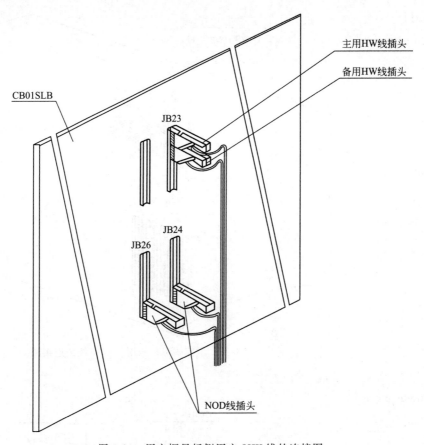

图 3-24　用户框母板侧用户 HW 线的连接图

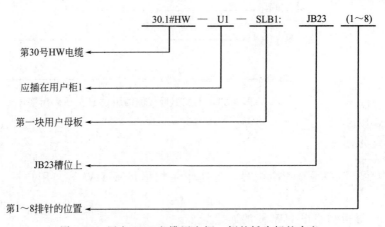

图 3-25　用户 HW 电缆用户框一侧的插头标签含义

3.2.1.3　中继 HW 线的连接

（1）主控框母板侧中继 HW 线的连接

主控框母板 MCB 一侧中继 HW 线组按照中继板号从小到大（实际排列由左至右）顺序，自 J2 的最下端插接位置依次向上排列。主控框母板侧中继 HW 线的连接图如图 3-27 所示。

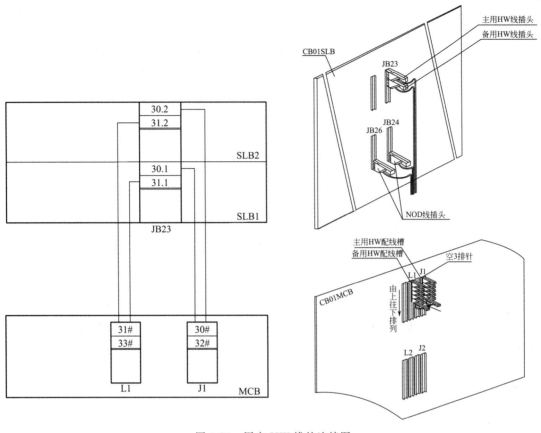

图 3-26　用户 HW 线的连接图

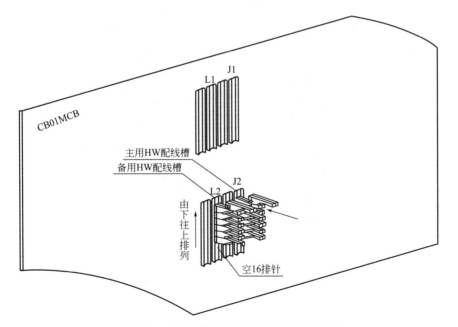

图 3-27　主控框母板侧中继 HW 线的连接图

　　一块数字中继板 DTM 需要 2 条 HW，在主控框母板 MCB 的总配线槽上一个 HW 电缆插头包含 4 条 HW，可为 2 块 DTM 板提供 HW。主控框母板侧的中继 HW 插头标签含义如

图 3-28 所示。

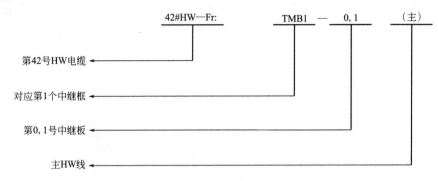

图 3-28　主控框母板侧的中继 HW 插头标签含义

由 HW 电缆插头标签可知：该组 HW 为主 HW（插在 J1 或 J2 上），组号为 42，为第一个数字中继框的第 0、1 号数字中继板提供 HW。

（2）中继框侧中继 HW 的连接

中继框侧的 HW 线插头按顺序从上到下分别插在总配线槽 XCA 和 XCB 上。XCA 对应 DT0～DT7 的主/备 HW 线和 NOD 信令线，XCB 对应 DT8～DT15 的主/备 HW 线和 NOD 信令线。中继框侧中继 HW 的连接图如图 3-29 所示。

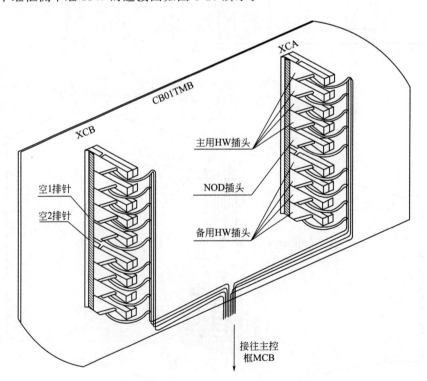

图 3-29　中继框侧中继 HW 的连接图

数字中继框母板配线槽 XCA、XCB 的 HW 分配如图 3-30 所示。

由图 3-30 可以看出，XCA 或 XCB 中的一个 HW 线插头对应 2 块数字中继板的 HW 配线。主控框侧与数字中继框侧的 HW 线插头是一一对应的。

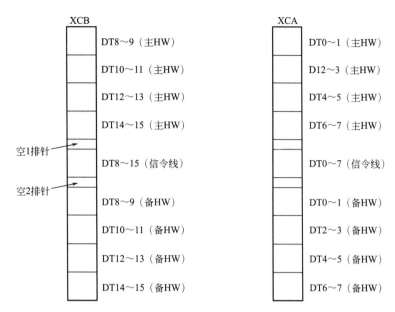

图 3-30　数字中继框母板配线槽 XCA、XCB 的 HW 分配图

中继框侧 HW 插头标签含义如图 3-31 所示。

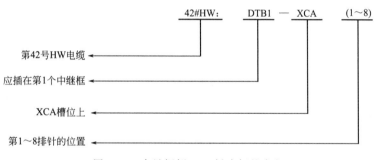

图 3-31　中继框侧 HW 插头标签含义

图 3-31 所示 HW 为主 HW（偶数 HW 组 42），为第一个中继框的第 0、1 号 DTM 板提供 HW。图 3-32 所示为中继 HW 线的连接。

配置 HW 要先用户后中继；对于用户框，需要 2 条 HW；对于中继板，也需要 2 条 HW，具体如下：

① 数字中继框优先由 90 号 HW 开始，由大至小排；

② 模拟中继框紧跟现有的数字中继之后，由大至小排；

③ 双音收号框优先级较用户框、RSA 框高；当本模块配有双音收号框时，其 HW 号由 0 开始从小到大排；

④ 用户框优先级高于 RSA 框，主控柜用户框优先级高于用户柜用户框，HW 按从上至下的顺序，紧跟双音收号框之后由小至大排；

⑤ RSA 框的 HW 优先级最低，HW 号总跟在最后一个用户的 HW 后由小至大排；主控柜配有多框 RSA 框时，HW 的优先级由下至上排；RSA 框同时出现在主控柜和用户柜时，优先排主控柜 RSA 的 HW。

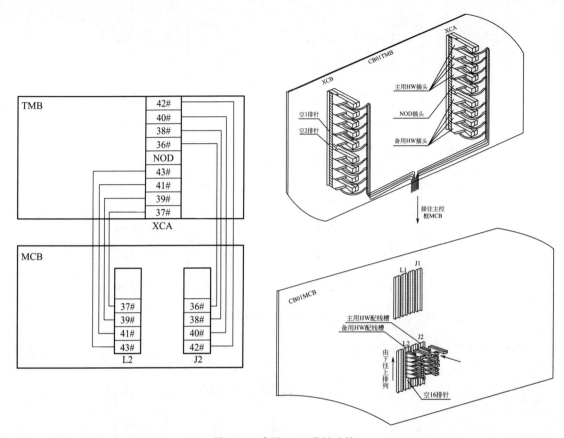

图 3-32　中继 HW 线的连接

注意：从主控框到用户框的 HW 配线是一分为二的，有 2 个分支；而从主控框到数字中继框的 HW 配线是一一对应的，没有分支。

3.2.1.4　NOD 线及其在背板的连接

NOD 线即信令线，用于模块处理机和单板设备处理传送控制信息。分为用户信令线和中继信令线两种，分别用于用户/中继与 MPU 间信令信息的传递。NOD 线采用非固定连接方式。主控框母板 MCB 背后有 11 个信令线的插接位置（JB4、JB6、JB8、JB10、JB12、JB14、JB22、JB24、JB26、JB28、JB30），依次对应 11 块 NOD 板槽位最下端的插片位置，如图 3-33 所示。由图 3-33 可以看出，交换模块 SM 的主控框提供 11 个 NOD 槽位，上框有 6 个，下框有 5 个。

每一个插接位置（每块 NOD 板）提供 4 组 NOD 信令线（4 路主节点）。主控框背面 NOD 的分配图如图 3-34 所示。

由图 3-34 可以看出，11 块 NOD 板提供 44 个 NOD。

3.2.1.5　用户信令电缆的连接

（1）主控框侧用户信令线的连接

主控框母板 MCB 一侧，用户信令线按照用户框号从小到大的顺序以电缆插头上标签为准，按照 NOD 槽位顺序依次向后插接。主控框侧用户信令线和用户框信令电缆是通过插头

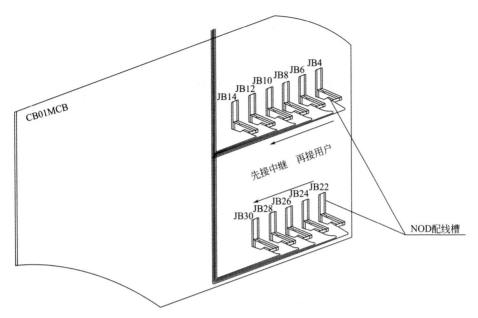

图 3-33　主控框侧信令线的连接

JB14	JB12	JB10	JB8	JB6	JB4
20 21 22 23	16 17 18 19	12 13 14 15	8 9 10 11	4 5 6 7	0 1 2 3
	JB30	JB28	JB26	JB24	JB22
	40 41 42 43	36 37 38 39	32 33 34 35	28 29 30 31	24 25 26 27

图 3-34　主控框背面 NOD 的分配图

标签一一对应的。主控框母板 MCB 一侧用户信令线插头的标签含义如图 3-35 所示。

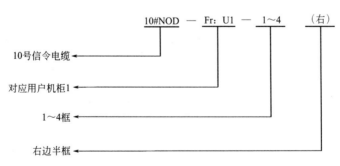

图 3-35　主控框母板 MCB 一侧用户信令线插头的标签含义

　　由图 3-35 所示 NOD 电缆插头标签可知，该组 NOD 的组号为 10，为用户柜 1 的第 1～4 用户框的右半框提供 NOD。

　　NOD 线插头的标签中包含了很多内容，对读者来说，只要知道 NOD 组号就足够了。如从图 3-35 的标签中，可以知道是 10 号 NOD 组，那么，在用户框 NOD 配线中就会有这组 NOD 的 4 个分支——10.1、10.2、10.3、10.4。这个"10"只是个逻辑编号，标明了主控框母板 NOD 线与用户框 NOD 线的对应关系。

（2）用户框侧信令电缆的连接

用户框一侧，把信令电缆插头依次插接在每块用户框母板 SLB 背面 JB24 和 JB26 两个 DRV 槽位最下端的插片位置，如图 3-36 所示。

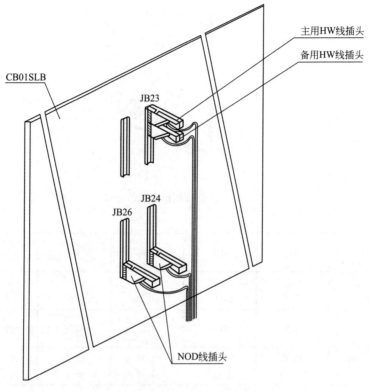

图 3-36　用户框侧信令电缆的连接图

其中，左半框占一个主节点，右半框占一个主节点，2 个半框的 2 个主节点来自 2 块 NOD 板。用户框母板 SLB 一侧信令线标签的含义如图 3-37 所示。

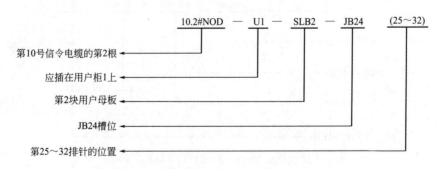

图 3-37　用户框母板 SLB 一侧信令线标签的含义

由图 3-37 表示的 NOD 电缆插头标签可知，该 NOD 线是 10 号 NOD 组的第二个分支（10.2），应插在用户柜 1 第二个用户框母板 JB24 槽位第二 5～32 排针的位置，为该用户框的右半框（从机柜背面看）提供 NOD。

用户信令线的连接如图 3-38 所示。

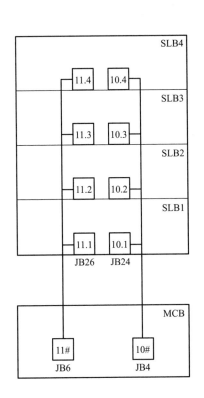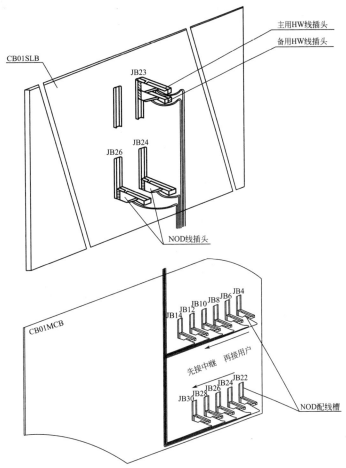

图 3-38 用户信令线的连接图

3.2.1.6 中继信令线的连接

（1）中继框侧信令线的连接

中继框侧信令线按照标签上标注的位置，分别插接在 XCA 或 XCB 中间的插接位置，分别为左右各半框的 8 块数字中继板提供 NOD。中继框侧信令线的连接如图 3-39 所示。

主控框测中继信令线和中继框侧信令电缆是通过插头标签一一对应的。中继框侧信令插头标签含义如图 3-40 所示。

图 3-40 中，中继框侧信令插头标签表示的是 11 号 NOD 组，并且该组 NOD 包含 8 个 NOD 点，为 DT0～DT7 提供 NOD。因此，在主控框侧就需要 2 块 NOD 板来提供这 8 个 NOD 点。即在主控框 NOD 配线中就会有这组 NOD 的 2 个分支——11.1、11.2。这个"11"只是个逻辑编号，标明了数字中继框 NOD 线与主控框母板 NOD 线的对应关系。

（2）主控框侧中继信令线的连接

在主控框母板 MCB 一侧中继信令电缆按照中继板号从小到大（实际排列由左至右）的

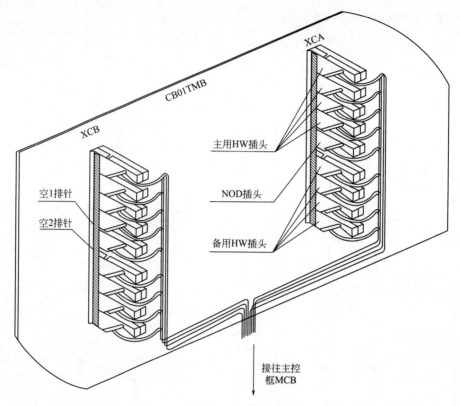

图 3-39　中继框侧信令线的连接图

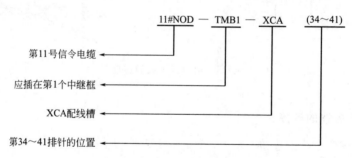

图 3-40　中继框侧信令插头标签含义

顺序，按 NOD 板槽位顺序依次向后插接。图 3-41 所示为主控框母板 MCB 一侧中继信令电缆插头标签含义。

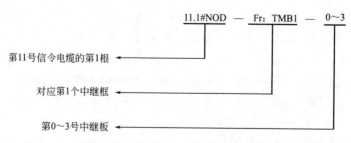

图 3-41　主控框母板 MCB 一侧中继信令电缆插头标签含义

根据图 3-41 所示的标签，可以知道 11.1 号 NOD 是 11 号 NOD 组的第一个分支。11.1 为 DT0～DT3 提供 4 个 NOD，11.2 为 DT4～DT7 提供 4 个 NOD。

中继信令线的连接图如图 3-42 所示。

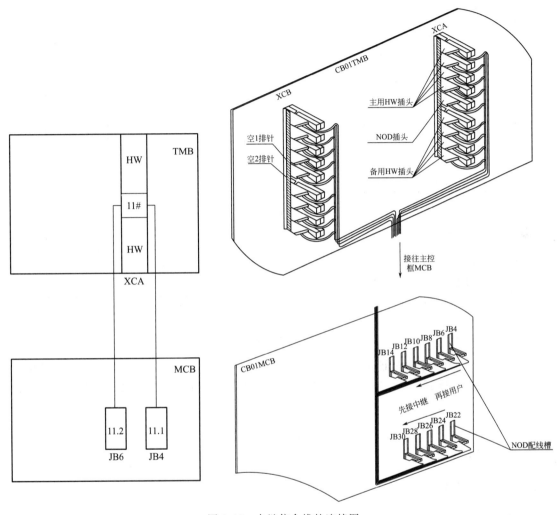

图 3-42　中继信令线的连接图

配置 NOD 要先中继后用户，对于用户框，需要 2 个 NOD，对于中继板，仅需要 1 个 NOD，要点如下：

① 数字中继框优先由 0 号 NOD 开始，由小至大排；

② 模拟中继紧跟现有的数字中继之后，由小至大排；

③ 双音收号框优先级叫用户框、RSA 框高；当本模块配有双音收号框时，其 NOD 号紧跟中继之后从到大排；

④ 用户框优先级高于 RSA 框，主控柜用户框优先级高于用户柜用户框，NOD 按从小至大的顺序，紧跟双音收号框之后由小至大排；

⑤ RSA 框的 NOD 优先级最低，NOD 号总跟在最后一个用户的 NOD 后由小至大排；主控柜配有多框 RSA 框时，NOD 的优先级由小至大排；当 RUB 同时出现在主控柜和用户柜时，优先排主控柜 RSA 框的 NOD。

⑥ 在本模块 NOD 资源充裕的情况下，数字中继的 NOD 插头固定插在母板指定的位置上，即便是该位置所对应的槽位为"空板"，也不得随意挪动。

图 3-43（a）所示为用户 NOD 分配；图 3-43（b）所示为中继 NOD 分配。

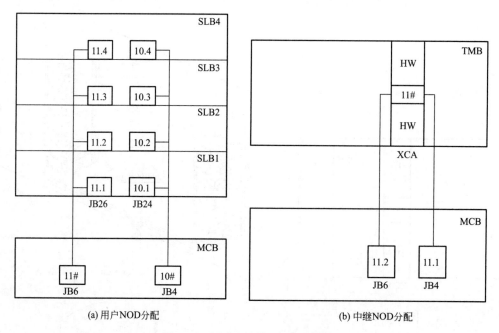

(a) 用户NOD分配　　　　　　　　　　(b) 中继NOD分配

图 3-43　用户和中继 NOD 分配图

对于出厂时已经配好的 HW 和 NOD 线，不准随意进行互换和更改位置。对于需要在开局时进行现场配线和扩容工程的设备配线，HW 和 NOD 在模块内的分配需要遵循相关规则。

3.2.2　光纤的连接

3.2.2.1　模块间光纤的连接

SM 通过 32 条光路连到 AM/CM，如图 3-44 所示。

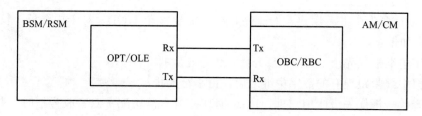

图 3-44　模块间光纤的连接

3.2.2.2　光路主备用方式下的光纤连接

光路主备用方式下，每个 SM 占用 1 条光路，即 512 个模块间话路通信。光路主备用方式下光纤连接如图 3-45 所示。

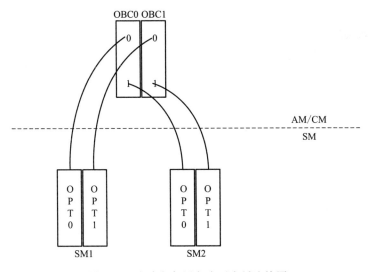

图 3-45　光路主备用方式下光纤连接图

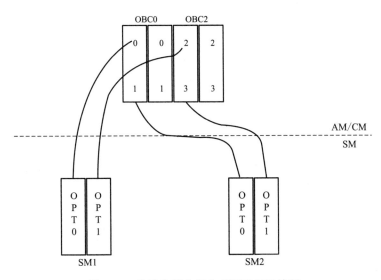

图 3-46　光路负荷分担方式下光纤连接图

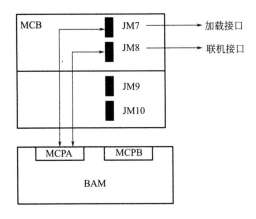

图 3-47　单模块加载电缆连接图

3.2.2.3　光路负荷分担方式下的光纤连接

光路负荷分担方式下，每个 SM 占用 2 条光路，即 1024 个模块间话路通道，光路负荷分担方式下光纤连接如图 3-46 所示。

3.2.2.4　单模块加载电缆的连接

单模块加载电缆的连接图如图 3-47 所示。

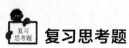 **复习思考题**

一、填空题

1. C&C08 交换机 AM/CM 模块的机框类型有三种，分别为_____、_____ 和 _____。其中，_____主要实现和 SM 模块进行话路信令交换和通信控制功能。

2. SM 模块的硬件配置遵循原则为：_____。

3. SM 最多有_____个机架，在全局同一编号。

4. _____是整个交换机的核心部分，主要用于处理 SM 模块的各种业务，完成对主控框内其他单板的控制。

5. 语音信号的出入是以_____与 BNET 板相连后提供的。

6. BNET 板有_____条 HW 线，其中_____条 HW 自由分配给用户和中继。

7. BENT 板可以完成本 SM 内部两个用户之间的话音和数据信息交换，同时它还可以和中心交换网络一起实现不同 SM 用户间信息的交换，其交换速率为_____。

8. C&C08 程控交换实验平台由_____、_____、_____、_____、_____、_____共 6 大部分组成。

9. 各终端通过_____以局域网（LAN）方式和交换机 BAM 后台管理服务器通信。

二、选择题

1. 以下关于模块内交换话音流程正确的是（　　）。
A. ASL→BNETA→ASL
B. ASL→DRV→BNETA→DRV→ASL
C. DRV→ASL→BNETA→DRV→ASL
D. ASL→BNETA→DRV→ASL

2. 主控框中 MPU 和 NOD 与用户框中的 DRV 和 ASL/DSL 之间是三级分散控制，关于三级分散控制顺序，以下说法正确的是（　　）。
A. MPUA、MPUB→NOD→DRV
B. MPUA、MPUB→DRV→NOD
C. NOD→DRV→MPUA、MPUB
D. NOD→MPUA、MPUB→DRV

3. 数字中继框优先由（　　）号 HW 开始。
A. 88　　　　B. 89　　　　C. 90　　　　D. 91

4. 数字中继框优先由（　　）号 NOD 开始。
A. 90　　　　B. 88　　　　C. 0　　　　D. 1

5. 在局间中继线上，普遍采用数字中继，常用的 E1 接口其速率为（　　）。
A. 2048Kbit/s　　B. 1544Kbit/s　　C. 144Kbit/s　　D. 8192Kbit/s

三、判断题

1. SM 模块的一个机架包含 8 个功能框，机框编号从 0 开始，由下向上，由近向远，在同一模块内统一编号。（　　）

2. 信令在模块内的传输路径为 ASL—DRV—NOD—MPU—NOD—DRV—ASL 或 ASL—DRV—NOD—MPU—NOD—DT。（　　）

3. HW 线主要用于传输业务信息，如语音、数据等。（　　）

4.当 HW 线与用户框连接时是从上往下排，与中继框连接时是从下至上排。　（　　）

5.配置 HW 要先中继后用户，配置 NOD 要先用户后中继。　（　　）

四、简答题

1.写出两个模块之间的用户经 CTN 板的话音流程。

2.解释从节点的概念。

3.试述 NOD 板的功能。

4.试列举出 SIG 板提供交换机接续时所需要的几种信号音。

5.试述 DRV 板的主要功能。

6.试述 HW 线的分类及功能。

7.解释 NOD 线的含义。

五、综合题

1.试写出主控框母板 MCB 上总配线槽一侧用户 HW 电缆插头标签各部分含义：

　　28＃HW—Fr：U1-1，2（主）

2.试写出用户 HW 电缆用户框一侧的插头标签各部分含义：

　　26.1＃HW—U1—SLB1：JB13（1～8）

3.试写出主控框母板侧的中继 HW 插头标签各部分含义：

　　28＃HW—Fr：TMB10，1（主）

4.试写出中继框侧 HW 插头标签各部分含义：

　　22＃HW：DTB1—XCA（1～8）

5.试写出用户框母板 SLB 一侧信令线标签各部分含义：

　　16.1＃NOD—U1SLB2JB2425～32

第4章

交换机的软件调试和数据配置

本章概要

本章主要完成对交换机的数据配置，主要内容包括对数字程控交换机的软件系统基本认识、数据配置的基本知识、C&C08 交换机的本局基本业务数据配置、C&C08 交换机的中继数据配置、C&C08 交换机新业务配置以及 C&C08 交换机计费数据配置。通过本章学习，实现对 C&C08 程控交换机数据配置熟练掌握。

教学目标

1. 在熟悉呼叫处理过程的基础上，掌握数字程控交换机呼叫处理的基本原理

2. 在了解数据配置总体原则及注意事项的基础上，熟练掌握数据配置的一般步骤以及 C&C08 交换机数据配置方法

3. 能够熟练地对本局业务、中继业务、基本新业务、计费业务、Centrex 群业务以及小交群业务进行数据配置

4.1 交换系统的呼叫处理过程

4.1.1 呼叫类型

在呼叫建立的过程中，呼叫类型有本局呼叫、出局呼叫、入局呼叫和转接呼叫。

本局呼叫：主叫用户直接在本交换机内找到被叫用户的，称为本局呼叫，如图 4-1 所示。

出局呼叫：用户呼叫的结果访问到中继模块上的，叫出局呼叫，如图 4-2 所示。

入局呼叫：经过中继进来的呼叫在本局找到相应用户的，称为入局呼叫，如图 4-3 所示。

转接呼叫：经过本局转接访问下一个交换机的，称为转接呼叫，如图 4-4 所示。

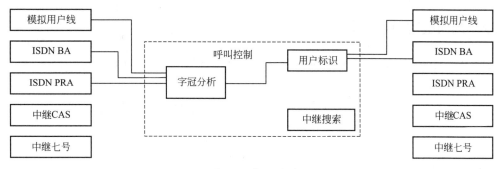

图 4-1 本局呼叫

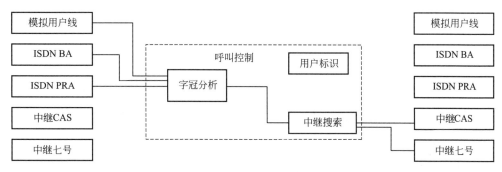

图 4-2 出局呼叫

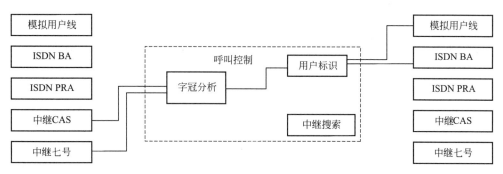

图 4-3 入局呼叫

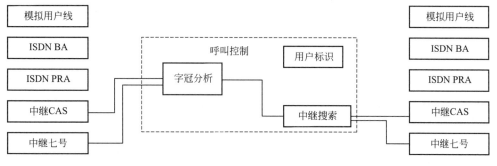

图 4-4 转接呼叫

4.1.2 呼叫处理过程

在交换系统中电话接续称为呼叫处理（或交换处理），是由软件辅助完成的。呼叫处理程序是交换系统软件中最基本的系统软件。

交换系统处理呼叫是以从用户线或中继线上收到的信息指令（或电话信令）为依据进行的。交换机处理一次呼叫可以分为几个相连贯的阶段，主要包括呼叫建立、双方通话和话终释放。

发端交换局可完成本局呼叫和出局呼叫，发端交换局的程控数字交换机呼叫接续主要过程如下。

4.1.2.1 呼叫建立

用户摘机表示向交换机发出呼叫接续请求信令，交换机检测到用户呼叫请求后向用户送出拨号音，用户拨打被叫号码。交换机接收被叫号码后进行字冠分析和用户识别，若字冠分析结果为本局呼叫，则本交换机建立主叫和被叫之间的连接；若字冠分析结果为出局呼叫，则选择占用至被叫方交换机的中继线。通路成功建立后，交换机向被叫用户振铃，向主叫用户送回铃音。

4.1.2.2 主叫通话

主叫用户和被叫用户通过用户线或中继线，以及在交换机内部建立的链路进行通话。

4.1.2.3 话终释放

当主叫用户或被叫用户挂机表示向交换机发出终止本次呼叫的请求，交换机检测到用户的终止请求后立即或延时释放该话路连接。话终电路复原方式有主叫控制复原方式、被叫控制复原方式、互不控制复原方式、互相控制复原方式。例如普通模拟用户为主叫控制复原方式，119、110 为被叫控制复原方式。

程控数字交换机一次成功的本局内部呼叫接续详细过程如图 4-5 所示。

本局呼叫接续的主要阶段主要由以下几种。

（1）主叫用户摘机

交换机按一定的周期执行用户线扫描程序，对用户电路扫描点进行扫描，检测出摘机呼出的用户后，确定主叫用户的类别和话机类别。

（2）占用连接收号器和发送拨号音，准备收号。

交换机选择一个空闲的收号器，建立主叫用户和收号器的连接，向主叫用户送出拨号音，准备收号。

（3）数字（号码）分析

主叫用户拨打被叫号码，接收器接收被叫号码，交换机在收到第一位号码后，停送拨号音，接收到一定的号码后，开始进行字冠分析，根据字冠分析的结果确定本次呼叫是否是本局呼叫，同时接收剩余号码。

（4）释放收号器

交换机接收号码完毕后，拆除主叫用户和收号器之间的连接，并释放收号器。

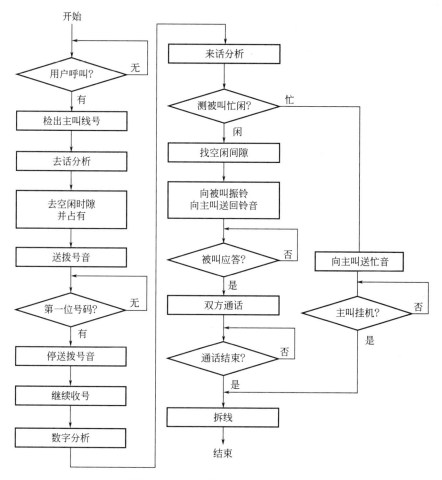

图 4-5　本局内部呼叫接续详细过程

（5）来话分析接至被叫用户。

交换机对被叫用户进行来话分析，并检测至被叫用户的链路和被叫用户是否空闲，如果链路和被叫用户空闲，则预占此空闲路由。

（6）向被叫用户振铃和向主叫用户送回铃音。

交换机建立至被叫用户和至主叫用户的电路连接，向被叫用户振铃，与此同时向主叫用户送出回铃音。

（7）被叫应答、双方通话。

被叫用户摘机应答，交换机检测到被叫用户应答后，停止振铃并停送回铃音，建立主、被叫用户之间的通话路由，同时启动计费设备，开始计费，并监视主、被叫用户的状态。

（8）话终挂机、复原。

由扫描程序监视是否话终释放。任何一方挂机都表示向交换机发出终止命令，交换机释放内部链路，使通话路由复原，停止计费，向未挂机方送忙音，待其挂机后停送忙音。

4.1.3　呼叫处理基本原理

程控数字交换机呼叫处理基本过程包括输入处理、分析处理、内部任务执行和输出处理。

输入处理就是收集所发生的呼叫事件，即识别并接收外部输入的处理请求。输入处理的程序称为输入程序，如各种扫描程序。

分析处理就是对收到的呼叫事件进行正确的逻辑处理，根据输入信号和当前状态进行分析、判别，然后决定下一步的任务。分析呼叫事件以确定执行何种任务的程序称为分析程序，包括去话分析、来话分析、状态分析以及字冠分析等。

内部任务执行和输出处理就是根据分析处理结果，向硬件或软件发出要求采取动作的命令。控制状态转移的程序称为任务执行程序，在任务执行中，与硬件动作有关的程序作为独立的输出程序进行。在任务的执行过程中，中间夹着输出处理，所以任务执行又分为前（始）后（终）两部分，如图 4-6 所示。

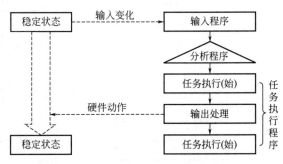

图 4-6　呼叫处理基本程序

4.1.3.1　输入处理

（1）用户扫描及摘机识别

用户摘机反映的是用户回路状态的变化，即用户回路状态由断开变为闭合；而用户挂机时，用户回路状态由闭合变为断开。交换机使用周期为 $100\sim200ms$ 的用户扫描程序对用户回路进行监视。若扫描周期过长就会影响电话的响应速度，降低服务质量；若扫描周期过短就会影响交换机的呼叫处理能力。判断用户挂机的原理如图 4-7 所示，判断用户摘机的原理如图 4-8 所示。

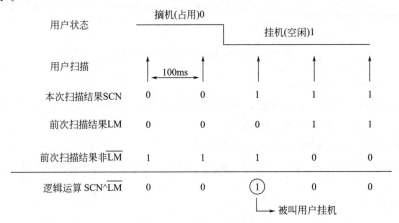

图 4-7　用户挂机原理

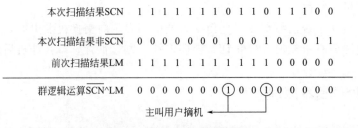

图 4-8　用户摘机识别原理

在图 4-8 中，用户摘机后用户回路闭合用"0"表示，将本次扫描结果与存储在用户存储器中的前次扫描结果进行逻辑运算，以判断用户是否摘机。在图 4-7 中，挂机识别的原理与识别主叫用户摘机的原理相似。

（2）群处理

程控数字交换机实际上是采用群处理方法进行扫描的。所谓群处理，就是将用户回路和中继线作为一个群来进行监视，当发现其中有一个或一个以上的设备存在处理要求时，才转入单独处理。采用这种方法可节省时间，提高效率。群处理是在处理机整个字长上进行运算。假设用户处理机的字长是 16 位，则每次可有 16 个用户群进行处理。处理机发现有用户摘机呼出后，在呼出事件表中登记呼出用户的设备码，作为下一步进行去话分析的依据。

在实际应用中，程控数字交换机采用异或逻辑电路检测用户回路及中继线状态的变化，如果本次扫描结果与前次扫描结果的异或运算值为"1"，说明该用户回路或中继线状态已发生变化。对于用户回路，则表示用户摘机或用户挂机，如要判断是用户摘机还是用户挂机，还要看前次扫描的结果。

4.1.3.2 分析处理

（1）去话分析

程控数字交换机的用户数据包括基本用户数据和新业务数据。基本用户数据是每个用户都有的，同一台交换机的不同用户有相同的基本用户数据结构，区别只是数值不同；新业务数据不是每个用户都有的，用户可以根据自己的需要申请使用电话新业务。不同程控数字交换机的用户基本数据所包含的内容并不完全相同。

去话分析是分析主叫用户的基本用户数据，以决定下一步的任务和状态。去话分析的过程为：根据摘机呼出用户的设备号，在数据库中查找该用户的数据表格，查找得到该用户的基本用户数据有用户设备码、用户电话号码、用户线状态、用户线类别、话机类型、新业务使用标志以及用户计费类别等。

去话分析主要是对上述主叫用户的基本用户数据进行逐一分析，决定收号前的工作，作出正确判断确定应执行的任务，进行去话接续。去话分析的过程是由去话分析程序来完成的，其程序流程图如图 4-9 所示。

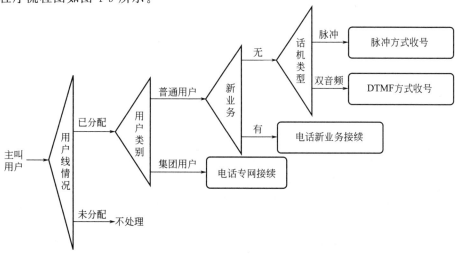

图 4-9　去话分析程序流程图

经去话分析如果确定主叫是电话呼叫，则寻找由该主叫用户经过其用户级至数字交换网络的空闲链路，并在该主叫用户对应的时隙内，由连接在数字交换网络的数字信号音发生器送出拨号音至主叫用户。

（2）字冠分析

交换机对主叫用户拨打的被叫号码的处理分为字冠和剩余号码两部分。对字冠的处理称为字冠分析，即数字分析；对剩余号码的处理称为被叫识别，即来电分析。

如果是本地网的电话呼叫，字冠就是被叫侧交换局的局号，通常是本地网号码的前四位；如果是长途电话呼叫，字冠就是被叫侧用户所在城市的长途区号，所以，字冠分析的号码位数一般为1～4。需要特别说明的是在程控数字交换机中，每位字冠数字的值使用十六进制，为0～F，＊为"B"，♯为"C"，例如，＊51等于B51，♯51等于C51。

第一位为0，根据第二位的值判断是国内长途还是国际长途；第一位为1，表明是特服接续；第一位为＊和♯，表明是电话新业务接续；第一位为其他号码，根据不同局号判断是本局接续还是出局接续。如果是本局接续，根据字冠分析的结果可以得到局号；如果是出局接续，根据字冠分析的结果可以得到路由块标识。字冠分析的过程是由字冠分析程序来完成的，其程序流程图如图4-10所示。

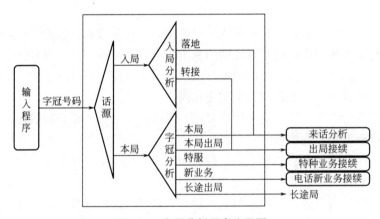

图4-10　字冠分析程序流程图

字冠号码有两个来源：一是本局用户，即来自本局的用户拨打的被叫号码；二是入中继，即通过局间信令从其他交换局传送过来的号码信息。字冠分析的结果除了跟字冠号码有关外，还与呼叫源、呼叫类别和呼叫时间有关。这里的呼叫类别包括普通呼叫、测试呼叫、操作员呼叫以及优先呼叫等。

（3）来话分析

若字冠分析的结果是本局呼叫，则通过来话分析进一步分析被叫用户的情况。来话分析的依据是被叫号码的剩余号码和被叫用户的忙闲状态。

来话分析是根据用户的剩余号码在交换机数据库中查找相应的用户数据表格，得到该被叫用户的设备码和其他业务数据，设备码标识了被叫用户在交换机中的硬件位置，然后测试该被叫用户的忙闲状态，如果测试的结果是被叫用户空闲，则预占该被叫用户，建立被叫侧的振铃路由和主叫侧的送回铃音路由；如果测试结果是被叫忙而该被叫又没有遇忙转移、呼叫等待等新业务功能时，则控制主叫侧的用户电路向主叫用户送出忙音，而在本次呼叫中占用的软件和其他硬件电路立即释放。

来话分析的过程是由来话分析程序完成的，其程序流程图如图 4-11 所示。

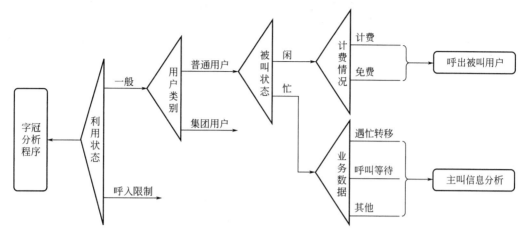

图 4-11　来话分析程序流程图

（4）状态分析

上述 3 个分析程序分别对应主叫用户摘机、号码接收和本局来话 3 种特定的情况，而要对呼叫过程中除了这 3 种情况以外的任何变化进行响应，就需要进行状态分析。

状态分析的数据来源于稳定状态和输入信息。当用户处于某一稳定状态时，处理机等待外部的输入信息，当有外部的输入信息提交时，处理机才会根据当时的稳定状态来决定下一步的工作。

状态分析的依据如下。

① 当前的接续状态（稳定状态）。

② 提出分析要求的设备或任务。

③ 变化因素，包括被叫用户应答、主叫用户挂机、被叫用户挂机等。

状态分析就是根据上述信息，经过分析处理后，确定下一步的执行任务，如被叫铃响时被叫用户摘机，则下一步任务就是接通双方通话电路。

状态分析的过程是由状态分析程序完成的，其程序流程图如图 4-12 所示。

4.1.3.3　任务执行和输出处理

任务执行分为动作准备、输出命令和任务终了处理 3 个部分，输出处理就是控制话路设备动作或复原等处理。

任务执行的动作准备是指准备硬件资源阶段，包括以下几点。

① 准备必要的硬件。在接续处理时，一方面需要选择保留必要的通道和硬件设备，另一方面在切断时，要对不再需要的通道及硬件设备作切断的准备。

② 进行新状态的拟定。由于任务执行会导致接续状态发生变化，产生状态转移，因此需要先改写存储状态的存储器的内容。

③ 编制硬件动作指令。即编制驱动和复原设备的指令，这些都是在软件上的动作，是任务的起始处理。

输出命令是指由输出程序根据编制好的指令输出，执行驱动任务。输出处理是执行任务，输出硬件控制命令，主要包括以下几点。

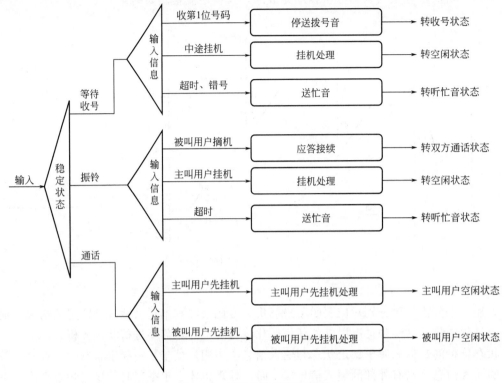

图 4-12　状态分析程序流程图

① 通话电路的驱动、复原。发送路由控制信息驱动数字交换网络建立双向通道，用于双方话音信息的传送。

② 发送分配信号。驱动铃流电路板向被叫用户发送振铃信号，发送执行例行测试和诊断测试的控制信号，分配时钟和信号音。

③ 发送局间信令。通过占用的中继线发送局间线路信令和计发器信令，通过信令链路发送 7 号信令消息。

④ 发送计费脉冲。如果是立即计费用户，被叫用户应答后，驱动主叫侧用户电路发送 16kHz 计次脉冲和极性反转信号。

⑤ 发送处理机间通信信息和测试呼叫信号等。

最后在驱动任务完成以后，还要进行最终处理，即在硬件动作转移到新状态后，软件对相关数据进行修改，使软件符合已经动作了的硬件的变化。主要包括以下几点。

① 监视存储器的存储内容变更。执行任务时，话路系统设备动作，接续状态发生改变，程序监视存储器也必需变更存储内容。

② 硬件示闲。把经过输出处理切断了的通路和相应硬件转为空闲状态，即将存储器上相应值由忙改为闲。

③ 释放所有软件。呼叫处理过程中的设备驱动主要包括数字交换网络的驱动和各种接口电路的驱动。对数字交换网络的驱动是根据所选定的通路输出驱动信息，这些驱动信息应写入相关的存储器中，因此，输出处理的主要任务是编写好输出控制信息并在适当的时间输出。各种接口电路的驱动包括用户电路、中继电路和其他接口电路，这些电路的驱动是由处理机编写好输出控制信息并写入驱动存储器中，在适当的时间输出。

4.2　数据配置基本知识

4.2.1　数据配置总体原则

C&C08 交换机的 BAM 数据库是采用 SQL SERVER 数据库。在配置数据时，数据库为了安全，会做如下数据合法性检查，故做数据时必须按一定的顺序增加或删除。

① 机框的物理框号不能冲突。

② 同种类型的机框其物理框号和逻辑框号不能冲突。

③ 单板框槽号不能冲突，板号不能冲突。

④ 模块号配置不能冲突。

⑤ 网资源、端口号、HW 号资源等不能冲突。

⑥ 各种配置数据应在使用范围内。

⑦ 不能删除配有用户或功能的单板或机框；也不能增加没有配单板或机框的用户。

数据配置时，应注意以下几点。

① 数据配置之前，应清楚本局的配置情况。

② 数据配置之前，还应了解本局工程设计阶段所提出的要求。

③ 数据配置之前，要详细阅读关于本局的数据资料，如发现问题，应立即与相关人员沟通。

④ 有了第一手资料之后，应结合交换机的特点，按照网络规划原则制订实施方案。

⑤ 具体做数据之前，应对每个模块的 NOD 与 HW 资源的分配情况进行统计，做到心中有数。

⑥ 内存分配由软件参数中的最大元组数来决定，C&C08 交换机的内存分配采用的是预占用的方式。因此最大元组数修改后必须加载对应模块，故开局时应考虑交换机的终局容量做好设置。

4.2.2　用户数据配置的相关概念

（1）用户数据索引

用户数据索引与电话号码一一对应，有多少个电话号码就有多少个用户数据索引，全局内统一编号，在配置号段时设置。

配置号段时，建议号段尽量按用户类别进行划分，如普通用户与 V5 普通用户的号段分开配置，这样使数据更清楚，便于维护。

（2）设备号

设备号是用户端口的编号，设备号在模块内统一编号，值域为 $0 \sim 14079$。对于 16 路模拟用户板 ASL 来说，设备号与用户板的单板编号有关，即设备号＝用户板的单板编号 $\times 16$ ＋单板内端口号，其中板内端口号的值域为 $0 \sim 15$。

单板编号是单板在模块内的编号，同一类单板在模块内统一。单板编号在增加机框时由系统自动生成。要想知道某一单板的编号，可以通过 LST BRD 命令查询得到。

配置用户数据的前提条件为：

① 用户号码对应的设备，如 ASL 和 DSL 板必须已经配置；

② 用户所属的呼叫源数据必须已经配置；

③ 用户对应的计费源码和被叫计费源码必须已存在；

④ 用户号码对应的呼叫字冠已配置。

C&C08 交换机的数据配置，按照所配置数据的功能分为硬件配置数据、计费数据、中继数据、字冠数据、用户数据、智能数据；按照用户习惯分为局数据、用户数据和特殊业务数据。数据包括上述的硬件配置数据、计费数据、中继数据和字冠数据，具体配置步骤如图 4-13 所示。

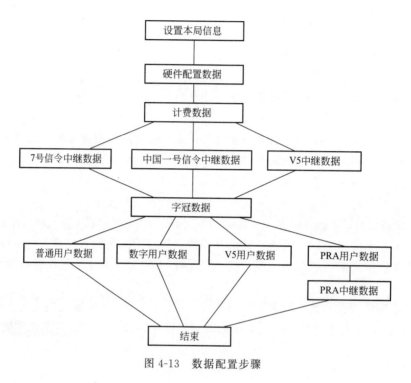

图 4-13　数据配置步骤

4.2.3　C&C08 交换机硬件数据配置方法

对 C&C08 交换机的数据配置是在程控交换系统加电工作的状态下，通过对工作站的客户端进行操作实现的，因此必须首先熟悉终端操作步骤。

4.2.3.1　终端操作

打开终端电脑，出现图 4-14 所示界面。

进入 C&C08 交换机业务维护，如图 4-15 所示。

出现登录窗口，如图 4-16 所示。

输入用户名：cc08，密码：cc08，局名：SERVER（IP 地址：129.9.0.100），单击"确定"登录到 BAM 服务器，如图 4-17 所示。

4.2.3.2　SM 模块硬件配置

SM 模块按表 4-1 所示的数据规划进行硬件配置。

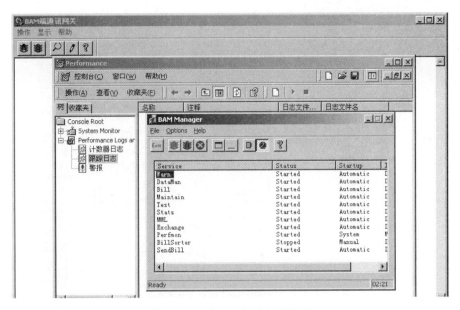

图 4-14 C&C08 终端电脑界面

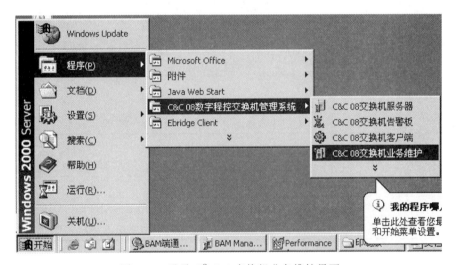

图 4-15 登录 C&C08 交换机业务维护界面

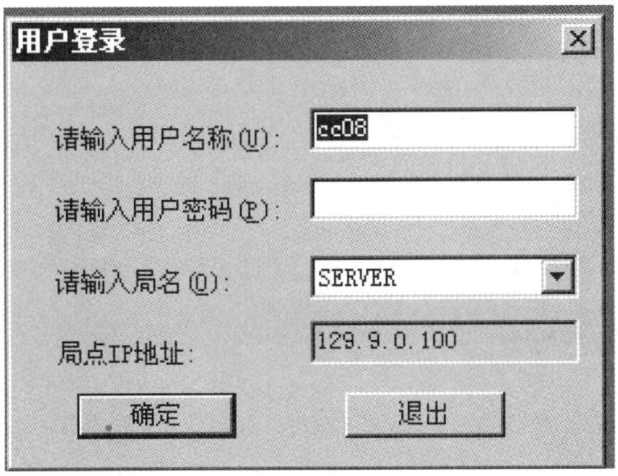

图 4-16 用户登录窗口界面

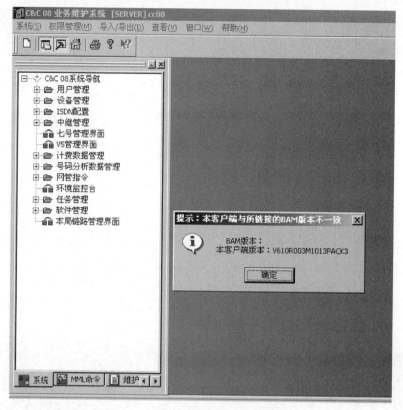

图 4-17　C&C08 业务维护系统界面

表 4-1　SM 模块硬件配置数据规划

模块号 ADD SM	1♯SM
增加主控框 ADD CFB	框号 0
增加中继框 ADD DTFB	框号 4
增加 32 路用户框 ADD USF32	框号 3
调整板位	主控框、中继框、用户框

4.2.3.3　C&C08 硬件数据配置

① 本局信息设置。

② 增加独立局模块（ADD SGLMDU）。

③ 增加主机模块时钟框（ADD CLFK）。

④ 增加主机模块控制框（ADD CFB）。

⑤ 增加主机模块用户框（ADD USFB）。

⑥ 增加模拟中继框/数字中继框（ADD ATFB/ADD DTFB）。

4.2.3.4　C&C08 硬件数据配置

在桌面上双击"　　　"图标，进入界面，如图 4-18 所示。

输入实际的服务器地址，单击"确定"按钮，进入界面，如图 4-19 所示。

图 4-18 Ebridge Client 数据配置登录界面

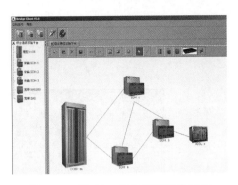

图 4-19 Ebridge 综合实训平台界面

双击"程控：cc08"图标，进入图 4-20 所示界面。

图 4-20 C&C08 交换机实验界面

单击"业务操作终端"→"cc08 交换机业务维护"，弹出登录窗口，如图 4-21 所示。

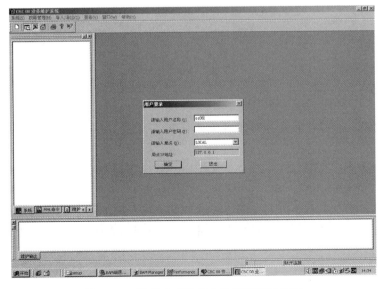

图 4-21 C&C08 交换机业务维护登录界面

输入用户名：cc08，密码：cc08，局名选 LOCAL(IP 地址：127.0.0.1)，单击"确定"按钮。

在维护输出窗口会显示登录成功的相关信息，并自动执行几条系统查询命令，如图 4-22 所示。

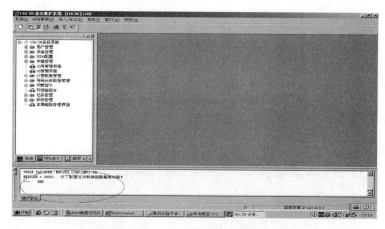

图 4-22　C&C08 维护登录成功界面

单击"系统"→"执行批命令"，或者手动设置数据参数，如图 4-23 所示。

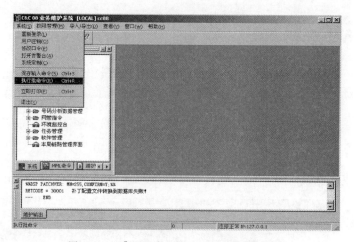

图 4-23　C&C08 数据执行批处理打开界面

打开已经调试好的命令文件脚本"SM 模块硬件配置"，单击"系统"→"执行批命令"。系统会自动执行并在维护输出窗口显示执行结果，如图 4-24 所示。

单击"开始程控实验"→"申请加载数据"→"确定"，屏幕上方会显示当前占用服务器席位的客户端，你申请席位的客户端排在第几位，剩余多长时间，如图 4-25 所示。

当申请到服务器席位时，单击"确认"按钮，系统自动将本客户端的数据库中的数据传到服务器中，如图 4-26 所示。

服务器会自动进行数据格式转换，并加载到交换机中，如图 4-27 所示。

单击"业务操作终端"→"交换机业务维护"，出现登录窗口，如图 4-28 所示。

输入用户名：cc08，密码：cc08，局名：SERVER（IP 地址：129.9.0.10)，单击"确定"按钮登录到 BAM 服务器，单击"维护"→"配置"→"硬件配置状态面板"→"选择模块"，可看到交换机 1 号 SM 模块的单板运行状态，如图 4-29 所示。

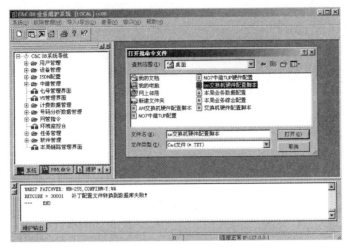

(a) C&C08脚本数据打开界面

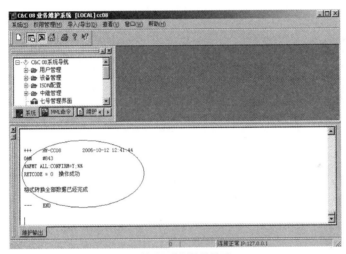

(b) 批处理执行结果界面

图 4-24　C&C08 加载执行批命令界面

(a) C&C08申请加载数据界面

图 4-25

(b) 席位申请成功界面

图 4-25　申请席位界面

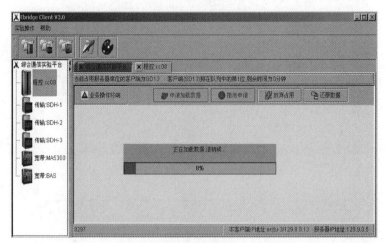

(a) 数据传送界面

(b) 数据处理成功界面

图 4-26　C&C08 加载处理数据界面

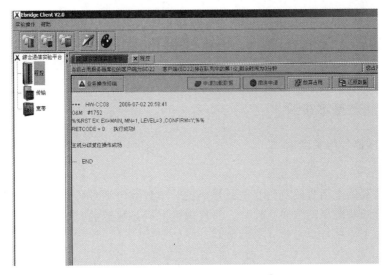

图 4-27 数据加载到交换机界面

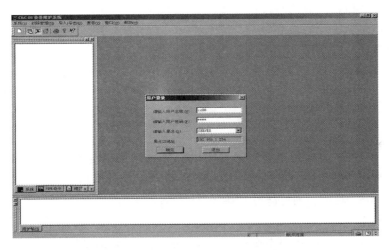

图 4-28 C&C08 交换机业务维护登录窗口界面

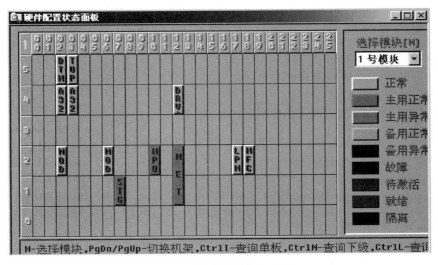

图 4-29 硬件配置状态面板

4.3　C&C08 交换机的本局业务数据配置

4.3.1　本局业务基本知识

4.3.1.1　基本术语和相关命令

（1）号段

号段是指从起始电话号码到终止电话号码的一串连续电话号码。增加号段时，号码对应的号首集必须在呼叫源中已定义。注意：号段内的号码是连续的，起始号码必须小于或等于终止号码。且要求起始号码与终止号码等长。

相关命令：

- ADD DNSEG　　　增加号段；
- RMV DNSEG　　　删除号段；
- LST DNSEG　　　查询号段。

（2）用户号码

用户号码必须落在号段表的一个记录范围内，同时也要出现在一个用户表中（如 ST 用户表、PRA 用户表），在号段表中它是做被叫时用，而在用户表中则是做主叫时用的。

（3）设备类型

指明用户与交换机相连的物理端口的类别，分为 ST、DSL、DCN、AVM、DIU 等多种，由用户线与交换机相连的交换机侧的板种而定，如与用户相连的为 ASL 板上的端口，则为 ST，当是 DSL 板时，则可能为 DSL 或 DCN。

（4）放号

增加一个普通用户（包括小交换机用户），即对指定模块的设备进行"放号"。增加普通用户号码时，该号码对应的号段应已存在，且该用户相应设备号所在的单板已配置。

相关命令：

- ADD ST　　　　增加普通用户（含小交换机用户）；
- MOD ST　　　　修改普通用户属性；
- RMV ST　　　　删除普通用户；
- LST ST　　　　查询普通用户属性。

（5）端口号

用来标识一个用户在模块上的物理位置，以一个模拟用户为例，他的端口号应为所接的 ASL 板板号×16＋板上通道号。

（6）呼叫源

呼叫源是指发起呼叫的用户或中继群，一般具有相同主叫属性的用户或中继群归属于同一个呼叫源。呼叫源的划分是以主叫用户的属性来区分的，这些属性包括：预收号位数、号首集、路由选择源码、失败源码、是否号码准备及呼叫权限等。在配置号码分析或路由分析之前必须增加相应的呼叫源码。

相关命令:

- LST CALLSRC 查询呼叫源码;
- ADD CALLSRC 新增呼叫源码;
- MOD CALLSRC 修改呼叫源码;
- RMV CALLSRC 删除呼叫源码。

号首集在实际应用中也称网号。号首是呼叫源发出呼叫的号码的前缀,所以号首集与呼叫源有一定的对应关系。号首是决定与该次呼叫有关的各种业务的关键因素,在公网和专网混合的网中,号首对不同的用户和中继群而言,往往是重叠的,但意义可能不同。

呼叫源与号首集的关系:一个呼叫源只能对应一个号首集,一个号首集可以为多个呼叫源共用。呼叫源和号首集的关系可以这样概要:一个电话网(公网或专网)内所有的普通用户能够拨打的字冠(号首)的集合就是号首集,而这些用户可能因为某些呼叫属性如对字冠的预收号位数不同划分为不同的用户组,每一个组是一个呼叫源。所以号首集涵盖的范围大于等于呼叫源涵盖的范围。

对于一个呼叫源,需设定一个号首集,对于非号首集内的号首,当用户拨打该号首时,系统会提示号码有误。

引入号首集这一概念是因为即使是同一号首,但对不同的主叫方(呼叫源),也可有不同的含义,交换机对其处理也不同。如:9 对公网为无线呼叫,对专网即为普通呼叫。222 对一个网的(如号首集 0)呼叫源 0 可能是本局呼叫,对另一个网(如号首集 1)的呼叫源 1 则是出局呼叫。两个呼叫源可以对应相同的号首集,当同一个网(如号首集 0)内不同呼叫源的用户拨打相同的号首时,交换机做相同的处理。当然,不同号首集中同一号首也可能含义相同,如:7 字头都代表出局。

号首集侧重对被叫(字冠)理解与分析的不同进行分类,而呼叫源是侧重对主叫的属性进行分类。也就是说号首集定义呼叫字冠,呼叫源对主叫用户分类。

某呼叫源呼叫非本号首集(另外一个网)字冠时,则需要作号首集变换(网变换)。

预收号位数表示启动号码分析至少要准备的号码位数。该数字的长短会影响到程控交换机话务高峰时的负荷。

呼叫字冠是一次号码分析的起始点,呼叫字冠的基本属性数据包括:业务属性、路由选择码、释放控制方式、计费选择码、最小号长、最大号长等。对于主叫号码分析、号首特殊处理、紧急呼叫观察、补充信令、优先级和释放控制方式等呼叫字冠的相关属性数据,都必须配置完对应的呼叫字冠后,才能设置。

相关命令:

- ADD CNACLD 新增一个业务字冠;
- MOD CNACLD 修改基本业务字冠;
- RMV CNACLD 删除一个业务字冠;
- LST CNACLD 查询呼叫字冠;
- LST RT 显示路由信息(可以查询路由对应的字冠);
- LST CHGIDX 查询计费情况索引(可以查询计费选择码对应的字冠)。

(7)主叫号码分析

主叫号码分析包括如何选路由,计费方式等。呼叫源的属性定义在呼叫源码上,多个呼叫源(本局用户或中继用户)可以共用同一个呼叫源码,也就有相同的呼叫属性。当需要给其中某一特定的主叫用户不同的呼叫源属性时，可以使用主叫号码分析表为它重新定义新的呼叫源属性。

相关命令：

- LST CNACLR　　查询主叫号码分析；
- ADD CNACLR　　新增主叫号码分析；
- MOD CNACLR　　修改主叫号码分析；
- RMV CNACLR　　删除主叫号码分析。

（8）释放方式

在增加呼叫字冠时，已设置信令方式为"所有信令方式"及业务属性为"所有业务"的释放方式，对于其他不同信令方式及业务属性下的释放方式使用设置释放控制方式命令。

相关命令：

- LST RLSM　　　查询释放控制方式；
- SET RLSM　　　设置释放控制方式；
- MOD RLSM　　　修改释放控制方式；
- RMV RLSM　　　删除释放控制方式。

（9）长途区号和国家及地区代码

当本局为长途局时，交换机要用到长途区号、国家及地区代码，如有特殊要求，要增加、修改或删除长途字冠概要、国内长途区号、国家及地区代码。

长途字冠概要相关命令：

- LST PFXTOL　　查询长途字冠概要；
- SET PFXTOL　　设置长途字冠概要；
- RMV PFXTOL　　删除长途字冠概要。

国内长途区号相关命令：

- LST ACODE　　查询国内长途区号；
- ADD ACODE　　增加国内长途区号；
- RMV ACODE　　删除国内长途区号。

国家及地区代码相关命令：

- LST NCODE 查询国家及地区代码；
- ADD NCODE 增加国家及地区代码；
- RMV NCODE 删除国家及地区代码。

4.3.1.2　用户数据管理

（1）ASL 用户数据管理

设本局局号为 666，号码范围是 6660000～6660500，号码步长为 1，分布在模块 1，起始设备号为 0，设备步长为 1。

- 增加呼叫源

命令：ADD CALLSRC：CSC＝0，PRDN＝3；

解释：增加呼叫源 0，预收号位数为 3。

- 增加号段

命令：ADD　DNSEG：P＝0，SDN＝K'6660000，END＝K'6660500，INDX＝0；

解释：增加号段 6660000～6660500，用户起始索引为 0。

- 被叫分析

命令：ADD　CNACLD：PFX＝K'666，CSA＝LCO，MINL＝7，MAXL＝7；

解释：增加呼叫字冠 666，业务属性为本局，最大和最小号长为 7。

- 增加一个模拟用户

增加一个模拟用户（ADD ST），可以对指定的模块中的指定设备进行"放号"。

命令：ADD ST：MN＝1，DS＝10，D＝K'6660010；

ADB　ST：SDN＝K'6660000，EDN＝K'6660303，DNSTEP＝1，DS＝0，DEVSTEP＝1，MN＝1，RCHS＝255；

解释：先批增 6660000～6660303 的用户，号码步长为 1，起始设备号为 0，设备步长为 1，用户所在的模块号为 1，呼入权全部开放，呼出权除国际长途外全部开放，收号设备为 AUTO，计费源码为 255。因批增不能超过 304 个用户。

（2）增加一个 2B＋D 用户

窄带 ISDN 有两种不同速率的标准接口：一种是基本接口 BRI，速率为 144Kbit/s，支持 2 条 64Kbit/s 的用户信道（B 信道）和 1 条 16Kbit/s 的信令信道（D 信道），即（2B＋D）接口；另一种是基群速率接口 PRI，即（30B＋D）接口。

增加一个 2B＋D 用户首先必须在交换机上配置有数字用户板 DSL，即 2B＋D 的基本速率接口板，每板有 8 个端口。增加一个 2B＋D 用户号码的过程就是在该 DSL 板的一个端口上增加一个 2B＋D 用户号码。

首先增加该 2B＋D 号码至号段表中，然后添加 ISDN 数据。ISDN 数据记录了呼叫属性和传输属性，其中属性 B 通道最大数目对于 BRA 为 2，对于 PRA 为 30，一般情况下为 BRA、PRA 业务各设一条，输入命令 LST ISDNDAT。这时在显示窗口便显示了本局所有的 ISDN 索引数据，若需要的 ISDN 索引数据已设定，则可以进行下一步，否则需要使用 ADD ISDNDAT 命令为新的用户增加一个新的 ISDN 索引数据。

例如增加一个号码是 6540180 的数字用户，指定它的模块号是 1，设备号是 180，并且具有本地长途权和国内长途权。

输入命令：ADD DSL：MN＝1，DS＝180，D＝K'6540180，OCR＝LCT-1&NTT-1。

可在 DSL 板的一个 2B＋D 端口上增加一个多用户号码，以满足用户对 ISDN 的多用户号码业务的需求。该多用户号码应由用户申请并由电信局分配。使用多用户号码业务时，局方开放多用户号码权限，该多用户号码的属性与指定的端口原号码相同。

例如为 6540180 用户所在的端口增加一个多用户号码 6540181，并将其加入 CENTREX 群 0，短号为 3181。

命令：ADD MSN：OD＝K'6540180，ND＝K'6540181，CF＝TRUE，CXG＝0，
　　　　SDN＝K'3181。

4.3.2　C&C08 交换机硬件数据配置基础

4.3.2.1　设备编号

C&C08 交换机的设备较多，为利于识别，需在同类设备中统一编号，且设备编号不能重复，否则将有设备不能正常工作。

（1）模块号

C&C08 的模块号必须填 1。

（2）机框号

机框在同一模块内统一编号。主机的机框一般按照主控框、中继框、用户框的顺序从下到上，从左到右编排。

（3）机架号

每个机架一个编号，机架号在模块内统一编排。配置时最好将逻辑机架号和物理机架号对应，以便告警信息能正确反映出告警设备对应的物理位置，方便维护。

（4）槽号

槽号是指单板实际插的槽位。各种机框的最大槽位是 26 个，编号为 0～25，从左往右编。没插板的槽位不配置。如果某单板占了两个槽位，一般把虚占的槽位设成空板，实际所插的槽位设成所配单板类型。例如：直流环路模拟中继板（AT0）和 B 模块交换网板（BNETA）占两个槽位，只在右边槽位配置，左边槽位不配置。BNETA 占两个框，但仅在下面一框进行配置，上面框不用配置。

（5）单板编号

单板编号依附于单板类型，离开单板类型单独讨论单板编号是无意义的。单板是模块内编号的，编号从 0 开始。同一种单板统一编号。例如同一模块的所有 E1 数字中继板（DTM）要统一编号。有一些单板，虽然功能不同，但其槽位兼容，所以它们也要统一编号。如用户框的模拟用户板（ASL）、数字用户板（DSL）的槽位兼容，要统一编号。主控框的单板编号与槽位有关，固定槽位对应固定板号，由系统自动生成。

4.3.2.2　HW 资源的分配

（1）主机的 HW 组成

主机的网络结构主要牵涉到网络资源 HW 的分配，以及网络到用户和中继接口的连接。

交换网络的容量可以用同时能交换的时隙数表示。例如，一次可以同时交换 32 条 HW，每条 HW 为 32 个时隙，则交换网络的容量为 $32 \times 32 = 1024$ 时隙（TS），简称 1K 网络，即每次暂存 1024 个 PCM 码字。因为 BNETA 的容量为 $4K \times 4K$ 时隙，则 BNETA 可以提供 128 条 HW，其中 64 条已被固定用于系统资源，另 64 条可以自由分配给用户和中继，建议使用 0～35♯HW 线。

（2）HW 分配原则

每一个普通用户框占用 2 条 HW；每一块数字中继板（DTM）占用 2 条 HW。HW 必须成对配置，即 2 条 HW 为一对。

（3）信令板的 HW 分配

信令板的 HW 分配如表 4-2 所示。

表 4-2　信令板 HW 分配

	槽位	槽 16	槽 17	槽 18	槽 19	槽 20
主控框	单板编号	0	1	2	3	4
	HW 资源	61	53	54	55	56
	单板编号	5	6	7	8	9
	HW 资源	62	57	58	59	60

4.3.2.3 NOD 资源的分配

（1）主节点的组成

一个主机模块共有 6 块通信主节点板（NOD），每块 NOD 板有 4 个主节点，所以一个模块最多提供 24 个主节点分配给用户和中继使用。

（2）分配原则

半个用户框占用 1 个主节点，一个用户框占用 2 个主节点；一块 DTM 板占用 1 个主节点；NOD 主节点尽可能采用互助交叉配置，使安全性更高。如分配给一个用户框的 2 个主节点分别来自 2 块 NOD 板（通常选用相邻 2 块 NOD 板同一位置的 2 个 NOD 点）。如果其中一块 NOD 板故障，另一块 NOD 板上的主节点可以带起整个用户框的工作。

（3）信令板的 NOD 主节点分配

信令板 NOD 主节点分配如表 4-3 所示。

表 4-3　信令板 NOD 主节点分配

	槽位	槽 16	槽 17	槽 18	槽 19	槽 20
主控框	单板编号	0	1	2	3	4
	NOD 主节点	44	45	46	47	48
	单板编号	5	6	7	8	9
	NOD 主节点	49	50	51	52	53

4.3.3　本局用户基本业务数据配置

4.3.3.1　基本知识

① 本局电话互通主叫摘机上报路径：A32—DRV32—NOD—MPU。

② 通过 MPU，SIG，NET，A32 板向主叫送拨号音，MPU 完成主叫号码分析。MPU 同时也完成被叫号码分析，在数据库里按照"号段表—用户数据索引表—ST 用户数据表—ST 用户设备表"的顺序进行查找和接续。

③ 本局电话互通的语音通话流程：A32—DRV32—BNET—DRV32—A32。

4.3.3.2　数据规划

本局用户基本业务数据配置数据规划如表 4-4 和表 4-5 所示，注意规划表中的数据是可以根据实际需求进行变化的。

表 4-4　号码数据

呼叫源码	字冠	号段	设备端口号
0	555	5550000～5550031	0～31

表 4-5　计费数据规划

呼叫源码	字冠	计费情况	计费选择码	计费源码
0	555	1	1	1

4.3.3.3 配置步骤（CC08 基本硬件数据已经添加）

增加呼叫源——增加计费情况——修改计费制式——增加计费情况索引——增加本局呼叫字冠——增加号段——增加号码

（1）增加呼叫源

ADD CALLSRC：CSC＝0，CSCNAME＝"实验室"，PRDN＝0，P＝0，RSSC＝1，CONFIRM＝Y；

//CSC＝0：呼叫源为 0。CSCNAME＝"实验室"：呼叫源名为"实验室"。PRDN＝0：预收号码位数为 0 位。P＝0：号首集为 0，RSSC＝1：路由选择源码为 1。

（2）增加计费情况

ADD CHGANA：CHA＝1，CHO＝NOCENACC，PAY＝CALLER，CHGT＝ALL，MID＝METER1，CONFIRM＝Y；//增加计费情况。CHA＝1：计费情况 1；HO＝NOCENACC：非集中计费局；PAY＝CALLER：主叫付费；CHGT＝ALL：计费方法为计次表和详细单；MID＝METER1：计次表名为 METER1 跳计次表 1。

（3）修改计费制式

MOD CHGMODE：CHA＝1，DAT＝NORMAL，TS1＝"00&00"，TA1＝180，PA1＝1，TB1＝60，PB1＝1，TS2＝"00&00"；//修改计费制式。CHA＝1：计费情况 1。DAT＝NORMAL：日期类别＝正常工作日。TS1＝"00&00"：第一时区切换点从 0 点开始。TA1＝180：前段时间＝180 秒。PA1＝1：前段时间内跳 1 次。TB1＝60：后续时间间隔＝60 秒。PB1＝1：每间隔 60 秒跳一次。TS2＝"00&00"：第二时区切换点从 0 点开始（表示全天 24 小时不区分时间段）。

（4）增加计费情况索引（根据字冠不同选择不同的计费选择码，主叫计费源码都选择成 0）

ADDCHGIDX：CHSC＝1，RCHS＝1，LOAD＝ALLSVR，CHA＝1；//增加计费情况索引。CHSC＝1：计费选择码＝1；RCHS＝1：主叫计费源码＝1；LOAD＝ALLSVR：承载能力＝所有业务；CHA＝1：计费情况＝1。

（5）增加呼叫字冠

ADD CNACLD：P＝0，PFX＝K'555，CSTP＝BASE，CSA＝LCO，RSC＝65535，MINL＝7，MAXL＝7，CHSC＝1，CONFIRM＝Y；//增加呼叫字冠。PFX＝K'555，字冠为 555；STP＝BASE，为基本业务；CSA＝LCO，为本局业务；MINL＝7，MAXL＝7，最小最大号长为 7。

（6）增加号段

ADD DNSEG：P＝0，SDN＝K'5550001，EDN＝K'5550031，CONFIRM＝Y；//增加号段：P＝0，号首为 0，SDN＝K'5550001，开始号码为 5550000，END＝K'5550031，结束号码为 5550031。

（7）增加模拟用户号码

ADB ST：SDN＝K'5550001，EDN＝K'5550031，P＝0，MN＝1，DS＝0，RCHS＝1，CSC＝0，CONFIRM＝Y；//批量增加用户：D＝K'5550001：号码 5550000--5550031。MN＝1：模块号为 1。DS＝0 设备号为 0，也就是端口号，RCHS＝1：计费源码为 1。CSC＝0，呼叫源为 0。

4.3.3.4　加载数据

通过 EB 加载数据步骤向服务器提交实验数据。数据加载完之后通过相互通话来验证配置是否成功。

注意：验证成功后要清空原来数据，为后面数据加载做好准备，否则会数据冲突。

4.4　C&C08 交换机的中继数据配置

4.4.1　基本知识

4.4.1.1　中继数据相关概念

中继数据涉及的概念有：局向、相邻目的信令点、路由和子路由、路由选择源码和路由选择码。中继组网举例如图 4-30 所示。

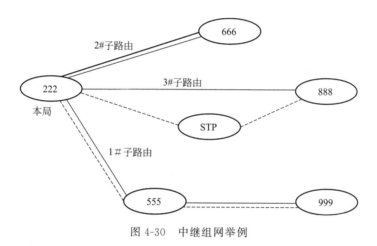

图 4-30　中继组网举例

图 4-30 中实线表示话路通路，虚线表示链路通路。本局为 222 局。本局与 555 局、666 局之间，555 局与 999 局之间有话路和信令链路的连接。到 888 局的信令链路要通过 STP 转接，有直达的话路通路。

（1）局向、相邻目的信令点与非相邻目的信令点

若本交换局 A 与某交换局 B 之间存在直达话路，则称交换局 B 是交换局 A 的一个局向。

给交换局 A 的各个局向进行统一编号，产生局向号。图 4-30 中，对于本局 222 来说，有局向 555、666 和 888，分配局向号为 1、2 和 3。

目的信令点是从本局信令点的角度出发，在本局信令点所在的所有信令网络中可见的信令点。目的信令点根据在信令网络中同本局信令点的相对位置属性，可以分为相邻目的信令点和非相邻目的信令点。其中，有直达信令链路的称为相邻目的信令点；没有直达信令链路的称为非相邻目的信令点。对于本局 222 来说，目的信令点的局有：555、666、STP、888、999，其中相邻目的信令点的局有 555、666、STP，非相邻目的信令点的局为 888、999 局。999 局与本局 222 既没有直达的话路，也没有直达链路的连接，本局到 999 局的呼叫要过 555 局转接，所以在本局无需做相关的中继数据。

（2）路由和子路由

若两个局之间有直达的话路，则认为两个局之间存在一条子路由。若本局与其他多个局之间都有直达话路，则存在多个子路由。分别对这些子路由进行编号，产生子路由号。如图4-30所示，222局到555局、666局、888局有直达话路，就有多条子路由，子路由号为1、2、3。

路由指本局到达某一局向的所有子路由的集合。该局向可以为相邻或不相邻的目的信令点。如图4-30所示，如果666局与555之间有话路相连，那么从222局至555局就有两条子路由：一条子路由是直接连接到555局，另一条子路由是经过666局转接。这两条子路由统称为222局到555局的路由。

一个路由可包含多个子路由，不同的路由中可能包含有相同的子路由，通过这些子路由最终可以到达指定局。对路由进行编码产生路由号。路由号是全局统一编号。

注意：局向号、子路由号、路由号都是全局统一编号。

（3）路由选择源码和路由选择码

当本局不同用户在出局路由选择策略上有所不同时，可以根据不同的呼叫源，给予路由选择源码。路由选择源码与呼叫源相对应。通常本局只有一个呼叫源，或虽然有几个呼叫源，但在出局的路由选择上都相同，那么只定义一个路由选择源码即可。

路由选择码是指不同的出局字冠，在出局路由选择策略上的分类号。因而路由选择码与呼叫字冠相对应，指呼叫某个呼叫字冠时，选择路由的策略。

出局字冠或目的码对应路由选择码，呼叫源码对应路由选择源码，再加上主叫用户类别、地址信息指示语、时间等因素，最终决定一条路由。对于不同的字冠，可能有相同或不同的路由选择，因此在路由选择码上也可能相同或不同。

表4-6中标明了图4-30中出局字冠555、666、888对应的路由选择源码、路由选择码、路由、子路由的关系。999局是通过555局转接的，其路由选择码、路由及子路由与555的相同。

表4-6 出局字冠路由选择源码、路由选择码、路由、子路由关系

呼叫源	路由选择源码	出局字冠	路由选择码	路由号	子路由号
0	0	555	1	1	1
0	0	666	2	2	2
0	0	888	3	3	3
0	0	999	1	1	1

（4）电路识别码、信令链路选择码和信令链路编码

CIC（Circuit Identification Code）：电路识别码，用于两个信令电路之间对电路的标识。只有TUP、ISUP等电路交换业务的消息中，才有CIC字段，其长度定义为12bit，所以两个信令点之间最多只能有4096条电路。在网络管理等消息中没有CIC字段。

SLS（Signaling Link Selection）：信令链路选择码。一个4bit的值（00H-0FH），用来进行7号信令消息的选路。对于TUP、ISUP消息其值是相应话路电路CIC值的低4位，对于MTP消息其值是相应链路的信令链路编码。

SLC（Signaling Link Code）：即信令链路编码（0～15），是用来标识某一条信令链路的，在对接时，双方同一条链路的SLC值应该一致，同一链路集中的SLC是唯一确定的，

其作用类似于话路的 CIC 值。

4.4.1.2　信令系统

在交换机与用户或与各交换机之间，除传送语音、数据等业务信息外，还必须传送各种专用的具有附加性质的控制信号，这些控制信号称为"信令"，以保证交换机的各部分协调动作，完成各种功能。也可以说，信令是各交换局在完成呼叫接续中的一种通信语言。为了使信令的发送方和接收方能够互相理解，必须规定一种"共同语言"——共同的信令方式才能使呼叫接续得以实现。

图 4-31 所示为电话交换网络呼叫过程中所需的基本信号。按信令的作用区域划分，可分为用户线信令与局间信令，用户线信令在用户线上传递，局间信令在局间中继线上传送。

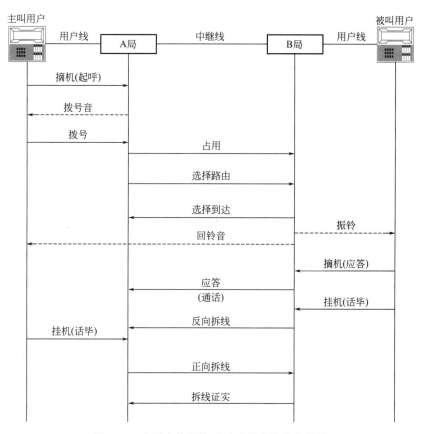

图 4-31　电话交换网络呼叫过程中的基本信号

（1）信令的类型

① 用户线信令

一个用户要呼叫交换局，则必须向交换局发送摘机、拨号等信令，这些信令称为用户信令。对于模拟电话用户线，用户线信令大体上可分为 3 类。

用户状态信号：即用户监视信号，是指通过用户环路通断表示主叫用户摘机（呼出占用）、主叫用户挂机（正向拆线）及被叫用户摘机（应答）、被叫用户挂机（后向拆线）等信号。交换机检测到这些信号后便会执行相应的软件，产生相关的动作。

数字选择信号：即被叫号码。主叫用户通过号码盘或按键发出脉冲号码或双音频号码给交换局，以便交换局选择被叫用户。

铃流和信号音：都是由交换局向用户发送的信号。铃流源为 25Hz 正弦波，普通振铃采用 5s 断续，即 1s 续、4s 断。信号音为 450Hz 和 1400Hz 的正弦波，拨号音、忙、回铃音均为 450Hz 的正弦波。拨号音是连续信号；忙音为 0.7s 断续，即断续各 0.35s；回铃音 5s 断续，即 1s 续、4s 断。

② 局间信令

在两个或两个以上交换局之间来完成呼叫接续时，除用户信令之外，还要求在交换局之间传递各种信息。例如主叫用户号码、被叫用户号码等，这些信息称为局间信令。由于目前使用的交换机制式和中继传输信道的类型很多，因而局间信令也比较复杂。

根据信令通路与话音通路的关系，可将局间信令分为随路信令和共路信令。CCITT 为了统一局间信令，提出了 CCITT1~CCITT7 号及 R1、R2 系统的建议。

（2）中国 1 号信令方式

中国 1 号信令是局间信令，属于随路信令，也就是说，信令信号和语音信号是在同一个信道上传送的。

中国 1 号信令由线路信令和记发器信令两部分组成。

① 线路信令在线路设备（中继器）之间传送，由一些线路监视信号组成，主要用于监视中继线的状态、控制接续的进行。由于每条中继线要配备一套线路设备，不是全局公用的，因此，为降低成本，线路信令相对比较简单，信号的种类也相对较少。

② 记发器信令在记发器之间传送，由选择信号和一些业务信号组成，主要用于选择路由、选择被叫用户、管理电话网等。由于记发器是公用设备，数量较少，因此，记发器信令可以做得复杂一些，信号的种类也相对多一些。中国 1 号信令的记发器信令采用多频互控方式（MFC），分前向和后向两种。在这种信令方式中，前向信令和后向信令都是连续的，前向信令用于传送地址、控制指示语等信息，后向信令主要用于证实和控制。发送一位数字时，前向信令必须等待收到后向证实时才停止发送。同样，接收端只有检测出前向信令已经停止发送才停发后向信令。互控信令的传送分四拍进行，如图 4-32 所示。

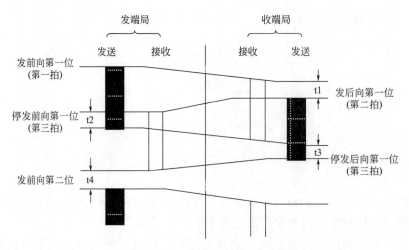

图 4-32 互控信令的传送过程

第一拍：发端局发送第一位前向信令。

第二拍：收端局接收和识别前向信令后，即回送第一位后向证实信令，它不仅表示已收到前向信令，并向发端局提供信息，以决定下一次发送怎样的前向信令。

第三拍：发端局接收和识别此后向证实信令后，立即停发前向信令。

第四拍：收端局识别出前向信令已停发后，立即停发后向证实信令。当发端局识别出后向信令已停发，就可以发送下一位前向信令，从而开始第二个互控周期。

（3）7号信令方式

7号信令系统的总目标是提供一个国际标准化、具有普通适用性的共路信令系统，使具有程控数字交换机的数字通信网运行在最佳状态，并提供一种按序的、无丢失、无重复和高可靠的信息传输手段。

与随路信令相比，共路信令具有许多重要优点。

① 信息可在处理器间交换，远比使用随路信令时快，从而使呼叫建立的时间大为缩短。这不仅提高了服务质量，而且也提高了传输设备和交换设备的使用效率。

② 信号容量大，可容纳信号类别从几十种到几百种，能给用户提供更多的新业务。

③ 具有很大的灵活性，只要通过修改软件增加信号，就可提供新的业务。

④ 每个中继站不再需要线路信令设备，因而可使成本大大降低。

⑤ 因为没有线路信令，中继器既可以用于从 A 到 B 的呼叫，也可用于从 B 到 A 的呼叫，双向工作时比在各自呼叫方向使用分开的中继电路需要的电路更少。

⑥ 当一呼叫正在进行时，与此呼叫有关的信号可以传送，这使用户可以改变已建立起的连接，例如用户可以将一呼叫转移至另外的地方，或请求第三方加进现有的连接之中。

⑦ 信号可以在处理器间交换以用于维护或网络管理。

⑧ 信令能为 ISDN、IN、TMN 和蜂窝移动通信系统提供强有力的支持。此信令是它们的基础。

⑨ 信令系统不受话路系统约束，给增加和改变信号种类带来很大的灵活性。

⑩ 共路信令系统的差错率必须很低，且可靠性要远远高于随路信令系统，因为一旦数据链路出现故障会影响相关两交换机间的所有呼叫。

（4）7号信令协议体系结构

7号信令的协议体系结构如图 4-33 所示，由图右半部分可见，7号信令系统由消息传递部分（MTP）和若干个功能不同的用户部分（UP）组成。

MTP 部分又分为 MTP1、MTP2、MTP3，分别对应 OSI 七层协议中的第 1、2、3 层，MTP1 为信令数据链路级，相当于 OSI 的 L1 物理层，主要是数据的双向传输通路，包含数据传输通路及信令终端设备，数字传输通路采用 64Kbit/s 基本速率；MTP2 为信令链路级，该级为两个直接连接的信令点之间进行可靠的信令消息传递提供信令链路，主要功能为差错检验及纠错、信令链路监视和流量控制、信令信元定界与定位；MTP3 与扩展功能级 SCCP 合并为第三层功能级，

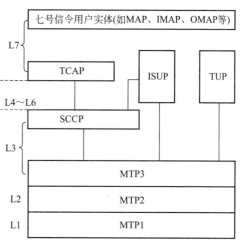

图 4-33 7号信令功能模型图

这一层主要功能是信令消息处理与信令网络管理。信令消息处理是根据消息信令单元中的地址信息，将信令单元送至用户指定信令点的相应用户部分；信令网管理是对每一个信令路由及信令链路的工作情况进行监视，当出现故障时，在已知信令网状态数据和信息的基础上，控制消息路由和信令网的结构，完成信令网的重新组合，从而恢复正常消息传递能力。

TUP 部分属于 7 号信令第四级功能，主要实现 PSTN 有关电话呼叫建立和释放，同时又支持部分用户补充业务。

ISUP 部分也属于 7 号信令第四级功能，支持 ISDN 中的语音和非语音业务。

TCAP（事物处理能力应用部分）位于业务层和 SCCP 之间的中间层，是在无连接环境下提供的一种方法，以供智能网应用（INAP）、移动通信应用（MAP）和运行维护管理应用（OMAP）在一个节点调用另一个节点的程序，执行该程序并将执行结果返回调用节点。

① 信令网的组成。共路信令网由信令点、信令转接点和信令链路三部分组成。

信令点（SP）就是信令系统中提供共路信令的节点。信令点又分为源点（即产生信令消息的信令点）和目的点（即接收信令消息的信令点）。实际上信令点是交换机系统的一部分。

信令转接点（STP）就是将消息从一条信令链路转移到另一信令链路的信令点，既非源点又非目的点，即它是信令传送过程中所经过的中间节点。

信令链路是连接信令点或信令转接点之间信令消息的通道。直接连接两个信令点（含信令转接点）的一束信令链路构成一个信令链路组。一个信令链路组通常包括所有并行的信令链路；但也可能在两个信令点间设有几个互相并行的链路组，链路组内特性相同的一群链路称为链路群。

② 信令模式分类。在共路信令网中，根据信令链路与其所依赖的话音信号通路的关系，可以将信令模式（即一个信令消息所取的途径与这一消息相关的话音通路的对应关系）分类如下。

a. 直联式。与连接两个交换机的语音电路相关的消息经由直接连接这两个交换机的信令链路传送，如图 4-34（a）所示。

b. 非直联式。如图 4-34（b）所示，A和 B 间的信令消息根据当前的网络状态经由某几条信令链路，而语音电路则是通过A 与 B 间的直达路由。在另外一些时刻，共路信令消息的路由则经由不同的路径。通常不采用这种方式，因为要在任何给定时刻确定精确的路由是十分困难的。

c. 准直联式。如图 4-34（c）所示，交换机 A 和 B 间的信令消息通过预定的路径，流经级联的几条信令链路，而话务电路则经由 A 和 B 间的直达路由。

d. 混合式。如图 4-34（d）所示，交换机 A 和 B 之间是准直联方式，交换机 A 与

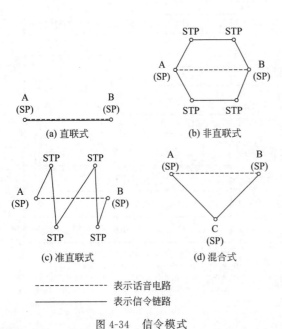

---------- 表示话音电路
————— 表示信令链路

图 4-34　信令模式

C之间、B与C之间则是直联方式。

③ 信令网的结构。信令网按网络的拓扑结构等级，可分为无级信令网和分级信令网两类。

无级信令网是指未引入STP的信令网。在无级信令网中，信令点间都采用直联方式，所有的信令点处于同一等级。这种方式在信令网的容量和经济性上都满足不了国际、国内信令网的要求，故未广泛采用。

分级信令网是引入STP的信令网，按照需要可以分成二级信令网和三级信令网。

二级信令网是具有一级STP的信令网，三级信令网是具有二级STP的信令网，第一级STP为高级信令转接点（HSTP），第二级STP为低级信令转接点（LSTP）。其结构如图4-35所示。

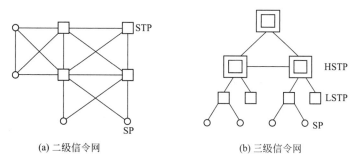

(a) 二级信令网   (b) 三级信令网

图 4-35 分级信令网的结构

分级信令网的特点：网络所容纳的信令点数量多；增加信令点容易；信令路由多，信令传递时时延相对较短。分级信令网是国际国内信令网采用的主要形式。如我国的No.7信令系统采用的是三级信令网结构。

在三级信令网中，HSTP负责转接它所汇接的LSTP和SP的信令消息。HSTP应采用独立型信令转接点设备，且必须具有No.7信令系统中消息传送部分（MTP）的功能，以完成电话网和ISDN的电话接续有关信令消息的传送。同时，如果在电话网、ISDN中开放智能网业务、移动通信业务、并传递各种信令网管理消息，则信令转接点还应具有信令连接控制部分（SCCP）的功能，以传送各种与电路无关的信令消息。若该信令点要执行信令网运行、维护管理程序，则还应具有事物处理能力应用（TCAP）和运行管理应用（OMAP）的功能。

LSTP负责转接它所汇接的SP的信令消息。LSTP可采用独立型的信令转接设备，也可采用与交换局SP合设在一起的综合式信令转接点设备。采用独立型信令转接点设备时的要求同HSTP；采用综合型信令转接点设备时，除了必须满足独立型信令转接点设备的功能外，还应满足用户部分的有关功能。

（5）7号信令的功能级结构

最初的7号信令技术规范是以与电路有关的电话控制要求为基础的。为了满足这些要求，7号信令被规定为4个功能级：消息传递部分（MTP）构成1～3级，用户部分（TUP）为4级。但由于新的要求不断出现，例如与电路无关的消息传递，7号信令系统规范为满足这些新要求的出现也在不断更新和完善，并不断地向OSI（开放系统互连）7层参考模型靠拢。下面主要介绍7号信令的4个功能级，这4个功能级是与OSI对应的。信令系统功能结构划分的基本原则是将功能分为共同的消息传递部分（MTP）和适用于不同用户的单独的用户部分。

① 消息传递部分各功能级的主要功能

第一级——信令数据链路功能。第一级定义信令数据链路的物理、电气和功能特性，相当于 OSI 的物理层。确定与数据链路的连接方法，为信令链路提供了一个信息载体。在数字传输环境中，信令数据链路通常为 64Kbit/s 的数字通路，占用 PCM 的一个时隙。当使用 2.048Mbit/s 基群时，建议采用第 16 时隙，当第 16 时隙不可用时，可选用其他时隙。信令数据链路可经由交换机数字交换网络采用半固定连接至信令终端，使信令链路具有重新组合的能力。

第二级——信令链路功能。第二级定义在一条信令数据链路上，信令消息的传递和与传递有关的功能和过程。第二级的功能和第一级信令数据链路作为信息载体一起，为在两点之间进行消息的可靠传递提供一条信令链路。其主要协议和 X.25 中的第二层 LAPB 相似，称为 LAPD，这里的 D 代表 D 信道。

第三级——信令网功能。第三级在原则上定义了传送的功能和过程。这些功能和过程对每条信令链路都是公共的，与链路的工作无关。第三级负责呼叫和消息在电话交换局的网络中的选路，包括许多种分组类型，用来报告系统的状态和拥塞情况、干线的利用率及节点的通信量等。这些功能分为信令消息处理功能和信令网管理功能。

信令消息处理功能的作用是在一条消息实际传递时，引导其到达适当的信令链路或用户部分。

信令网管理功能的作用是以信令网中的已知数据和目前状况信息为基础，控制目前消息的编路和信令网设备的组合，在状况发生改变的情况下，它们还控制重新组合和其他活动，以维持或恢复正常的消息传递能力。

② 用户部分

用户部分是 7 号信令系统的第四功能级，其主要功能是控制各种基本呼叫的建立和释放。主要的用户部分包括电话用户部分（TUP）、ISDN 用户部分（ISUP）和信令连接控制部分（SCCP）。

4.4.2　中国 1 号信令中继数据配置

中国 1 号信令系统的硬件结构如图 4-36 所示。

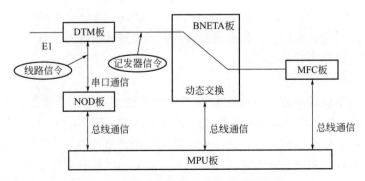

图 4-36　中国 1 号信令系统的硬件结构

　　DTM 板通过串口与 NOD 板通信，NOD 板通过总线向 MPU 板转发 PCM 系统的线路信令，由 MPU 板完成线路信令的处理。

　　MFC 板用于提供记发器信令翻译的 MFC 资源。MFC 资源不固定属于某条话路，而是由系统根据需要通过 BNETA 板的动态交换临时在各话路间进行分配，话路使用完毕后将立即释放其所占用的 MFC 资源。

　　MFC 板通过总线与 MPU 板通信，并在 MPU 板的控制下完成记发器信令的处理（接收、翻译、发送等）。处理完成后，系统将拆除连接并回收已释放的 MFC 资源，以便重新分配使用。

　　在 SM 模块中，线路信令传递的物理通路是（以上行为例）：线路信令→DTM 板→NOD 板→MPU 板；记发器信令传递的物理通路是（以上行为例）：记发器信令→DTM 板→BNETA 板→MFC 板→MPU 板。其中，一块 MFC 板可提供 16 路或 32 路 MFC 资源，MFC 资源的配置与中继电路的数量有关，一般按 1：14 的比例进行配置。

　　中国 1 号信令中继数据配置要分别配置入中继和出中继，并且需要和对局对应起来。对 1 号信令根据收发号方式不同配置收发号资源，对于 MFC 方式，只要在主机模块中增加 MFC 板配置；对于 DTMF 方式，在主机模块中增加 DTR 板。

　　（1）增加中国 1 号信令中继数据步骤

　　① 增加呼叫源（ADD CALLSRC）；

　　② 增加局向（ADD OFC）；

　　③ 增加子路由（ADD SRT）；

　　④ 增加路由（ADD RT）；

　　⑤ 如果需要，增加时间索引（ADD TMIDX）；

　　⑥ 增加路由分析（ADD RTANA）；

　　⑦ 增加呼叫字冠（ADD CNACLD）；

　　⑧ 增加中国 1 号信令中继群（ADD N1TG）；

　　⑨ 增加中国 1 号信令中继电路（ADD N1TKC）；

　　⑩ 如果采用中国 1 号信令中继汇接，增加中国 1 号信令中继汇接（ADD N1TDM）；如果需要，增加中继群承载（ADD TGLD）和中继群承载索引（ADD TGLDIDX）。

　　（2）删除中国 1 号信令中继数据步骤

　　① 删除中继群承载索引（RMV TGLDIDX）和中继群承载（RMV TGLD）；

　　② 删除中国 1 号信令中继汇接（RMV N1TDM）；

　　③ 删除中国 1 号信令中继电路（RMV TKC）；

　　④ 删除中国 1 号信令中继群（RMV TG）；

　　⑤ 删除字冠（RMV CNACLD）；

　　⑥ 删除路由分析（RMV RTANA）；

　　⑦ 如果对应的时间索引没有被引用，则删除时间索引（RMV TMIDX）；

　　⑧ 删除路由（RMV RT）；

　　⑨ 删除子路由（RMV SRT）；

　　⑩ 删除局向（RMV OFC）；如果对应的呼叫源没有被引用，删除该呼叫源（RMV CALLSRC）。

　　图 4-37 为中国 1 号信令中继数据配置流程。

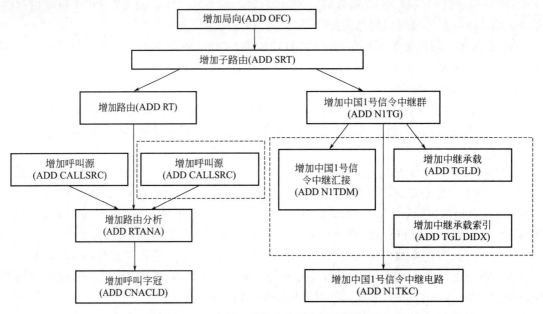

图 4-37　中国 1 号信令中继数据配置流程

图 4-37 中箭头表示数据的配置顺序，新增数据时，箭头尾部的数据必须在箭头头部的数据之前配置。而删除数据时，删除箭头尾部的数据，在删除箭头头部的数据之后。

图 4-37 中虚线框表示虚线内的数据一般情况下不需要配置，只有在特殊情况下才配置。

（3）中国 1 号信令数据配置方法

① 虚拟对端局的设置。实验室中按图 4-38 所示通过自环方式设置一个虚拟的对端局，并相应设置局向号。

DDF1	CC08	1T	1R	2T	2R	3T	3R	4T	4R								
	OSN2000	1T	1R	2T	2R	3T	3R	4T	4R	5T	5R	6T	6R	7T	7R	8T	8R
	Metro1000	1T	1R	2T	2R	3T	3R	4T	4R	5T	5R	6T	6R	7T	7R	8T	8R
	Metro1000	1T	1R	2T	2R	3T	3R	4T	4R	5T	5R	6T	6R	7T	7R	8T	8R

图 4-38　程控交换机 2M 接口在 DDF 架上的位置

No.1 自环中继模拟两个交换局呼叫，通过一块中继板的 2 个 PCM 电路模拟本局的出局和对局的入局。注意出局中继的 2 条 PCM 电路的数据设定方式，1♯PCM 电路分为出中继（前 15 条电路），入中继（后 15 条中继）；2♯PCM 电路分为入中继（前 15 条中继），出中继（后 15 条电路）。

自环数据具有如下特点：需要偶数个 PCM 系统进行自环；业务字冠属性应设置为本地或本地以上，并且设置路由选择码；进行自环的中继群设置中继群承载数据，对被叫号码进行号码变换。

② 数据规划。本局信令点 AAAAAA，要求程控交换机已经有本局硬件配置数据运行正常。本局业务数据可以在本次数据配置中增加，也可以将数据一次性导入。本次一号信令呼叫采用自环方式实现。中国 1 号信令中继数据配置参照表 4-7 进行。

表 4-7 中国 1 号信令中继数据配置表

呼叫源	本局字冠	长途字冠	局向号	子路由	路由	中继群号	中继电路号	设备号	号段	路由选择码	路由选择源码	计费选择码	计费选择源码
0	555	010	1	1	1	1-2	0-31	0-31	5550001-~5550032	1	1	1	1

硬件配置要求：需要 1 块中继板，板位均为 DTM 板，如果板位不是 DTM，可以通过修改基本硬件数据完成，通过中继自环数据进行模拟出入局呼叫。

③ 配置顺序。

用户数据：增加呼叫源——增加计费情况——修改计费制式——增加计费情况索引——增加本局呼叫字冠——增加号段——增加号码。

中继数据：增加局向——增加子路由——增加路由——增加路由分析——增加一号中继群——增加一号中继电路——增加中继呼叫字冠——增加号码变换——增加中继承载——增加中继承载索引。具体数据配置略。

④ 加载。通过 EB 加载数据，向服务器提交实验数据。数据加载完之后通过相互通话来验证实验是否成功。

⑤ 验证。检查命令行相关出局字冠数据；检查命令行相关中继数据；检查中继电缆硬件对接是否正确。可以通过中继板的 LOS 来观察，也可以在维护台中的查看中继板的电路状态。

⑥ 清空数据。

4.4.3　7 号信令中继数据配置

7 号信令中继数据分为 7 号信令链路数据和 7 号信令中继话路数据，配置 7 号信令中继数据一般先配置 7 号信令链路数据，再配置 7 号信令中继话路数据。

注意必须先确认本局信息已正确设置。

4.4.3.1　增加 7 号信令链路数据步骤

增加 7 号信令链路数据步骤如下：

① 增加 MTP 目的信令点（ADD N7DSP）；

② 增加 MTP 链路集（ADD N7LKS）；

③ 增加 MTP 路由（ADD N7RT）；

④ 增加 MTP 链路（ADD N7LNK）。

4.4.3.2　删除 7 号信令链路数据步骤

删除 7 号信令链路数据步骤与增加数据正好相反，具体步骤如下：

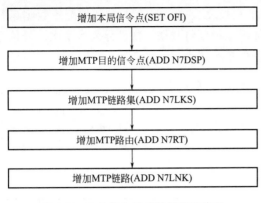

图 4-39　7 号信令链路数据配置流程

① 删除 MTP 链路（RMV N7LNK）；

② 删除 MTP 路由（RMV N7RT）；

③ 删除 MTP 链路集（RMV N7LKS）；

④ 删除 MTP 目的信令点（RMV N7DSP）。

图 4-39 为 7 号信令链路数据配置流程。

说明：图 4-39 中箭头表示数据的配置顺序，新增数据时，箭头尾部的数据必须在箭头头部的数据之前配置。而删除数据时，删除箭头尾部的数据，在删除箭头头部的数据之后。

4.4.3.3　增加 7 号信令中继话路数据步骤

① 增加呼叫源（ADD CALLSRC）；

② 增加局向（ADD OFC）；

③ 增加子路由（ADD SRT）；

④ 增加路由（ADD RT）；

⑤ 如果需要，增加时间索引（ADD TMIDX）；

⑥ 增加路由分析（ADD RTANA）；

⑦ 增加出局呼叫字冠（ADD CNACLD）；

⑧ 增加 7 号信令中继群（ADD N7TG）；

⑨ 增加 7 号信令中继电路（ADD N7TKC）；

⑩ 如果需要，增加中继群承载（ADD TGLD）和中继群承载索引（ADD TGLDIDX）。

4.4.3.4　删除 7 号信令中继话路数据步骤

与增加数据步骤正好相反，具体步骤如下：

① 删除中继群承载索引（RMV TGLDIDX）和中继群承载（RMV TGLD）；

② 删除 7 号信令中继电路（RMV N7TKC）；

③ 删除 7 号信令中继群（RMV TG）；

④ 删除呼叫字冠（RMV CNACLD）；

⑤ 删除路由分析（RMV RTANA）；

⑥ 如果对应的时间索引没有被引用，则删除时间索引（RMV TMIDX）；

⑦ 删除路由（RMV RT）；

⑧ 删除子路由（RMV SRT）；

⑨ 删除局向（RMV OFC）；

⑩ 如果对应的呼叫源没有被引用，删除该呼叫源（RMV CALLSRC）。

7 号信令中继话路数据配置流程如图 4-40 所示。

说明：图 4-40 中箭头表示数据的配置顺序，新增数据时，箭头尾部的数据必须在箭头头部的数据之前配置。而删除数据时，删除箭头尾部的数据，在删除箭头头部的数据之后。图 4-40 中虚线框表示虚线内的数据一般情况下不需要配置，只有在特殊情况下才配置。

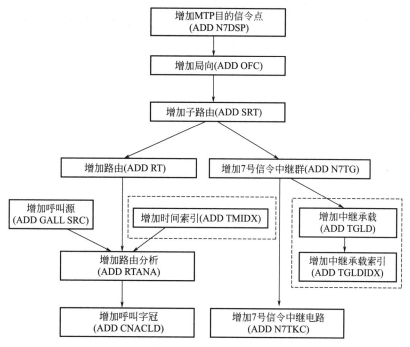

图 4-40　7 号信令中继话路配置数据流程

4.4.3.5　实验室 No.7 信令数据配置

（1）虚拟对端局的设置

按图 4-41 所示通过自环方式设置一个虚拟的对端局，并相应设置局向号。

DDF1	CC08	1T	1R	2T	2R	3T	3R	4T	4R								
	OSN2000	1T	1R	2T	2R	3T	3R	4T	4R	5T	5R	6T	6R	7T	7R	8T	8R
	Metro1000	1T	1R	2T	2R	3T	3R	4T	4R	5T	5R	6T	6R	7T	7R	8T	8R
	Metro1000	1T	1R	2T	2R	3T	3R	4T	4R	5T	5R	6T	6R	7T	7R	8T	8R

图 4-41　程控交换机 2M 接口在 DDF 架上的位置

7 号自环数据具有以下特点。

① 增加虚拟局向及相关中继数据，需要偶数个 PCM 系统。

② 增加 7 号中继群时，需要进行 CIC 增加和减少变化，第一条增加 32，第二条减少 32。

③ 增加 N7LNK 时，注意 SLC 和 SSLC 选择数据，第一条 LINK 的 SLC＝0，SSLC＝1；那么第二条 LINK 的 SLC＝1，SSLC＝0。

④ 需要进行号码处理，对出局字冠进行号码变换（号首处理或者中继承载），使拨的出局字冠变成本局号码接通。

⑤ 在进行 ISUP 数据制作时，需要增加 7 号 LNK 的中继设备标识以及增加 7 号中继群时候的电路类型选择。

（2）数据规划（硬件数据已加载）

若进行 TUP 数据配置，则要求第二块中继板类型要修改成 TUP；若进行 ISUP 数据配置，则要求第二块中继板类型要修改成 ISUP。

假设的数据如下（本局用户数据可以先增加，也可以在本次数据配置中导入脚本）：若数据配置采用自环方式实现 7 号信令 TUP 呼叫，采用 LAPN7 上的 3、4 号链路，No.7 TUP 信令中继数据配置中基本数据和信令数据分别按表 4-8 和表 4-9 进行；若数据配置采用自环方式实现 7 号信令 ISUP 呼叫，采用 LAPN7 上的 6、7 号链路，注意第二块中继板类型要修改成 ISUP。No.7 信令中继数据配置中基本数据和信令数据规划如表 4-8 和表 4-9 所示，注意规划表中的数据是可以根据实际需求进行变化的。

表 4-8　基本数据

呼叫源	本局字冠	长途字冠	局向号	子路由	路由	中继群号	中继电路号	设备号	号段	路由选择码	路由选择源码	计费选择码	计费选择源码
0	555	022	2	2	2	3～4	64～127	0～31	5550001--5550032	2	1	1	1

表 4-9　信令数据

No.7 目的信令点	No.7 链路集	No.7 路由	No.7 链路	No.7 链路中继电路
222222	2	到天津	4,5	79、111

（3）配置步骤

增加呼叫源——增加计费情况——修改计费制式——增加计费情况索引——增加本局呼叫字冠——增加号段——增加号码。具体数据配置略。

No.7 ISUP 信令数据配置和 No.7 TUP 信令数据配置不同之处在于：第二块中继板类型和中继群号，其他部分均相同。

（4）数据加载

通过 EB 加载数据步骤向服务器提交实验数据。数据加载完之后通过相互通话来验证数据配置是否成功。

（5）验证

检查命令行相关出局字冠数据；检查命令行相关中继数据；检查中继电缆硬件对接是否正确。可以通过中继板的 LOS 来观察，也可以在维护台中的查看中继板的电路状态。

（6）数据清空。

4.5　C&C08 交换机新业务配置

大多数新业务的操作步骤为：申请、登记（或称为设置）、验证、使用（或称为应用）、撤销（或称为取消）。有的新业务的操作只需要其中的部分步骤。所有新业务在使用前都要向电话局申请开通新业务权限，否则操作不成功并会听越权使用通知音。

（1）基本新业务

① 缩位拨号。缩位拨号就是用 1～2 位代码来代替原来的电话号码（可以是本地号码，国内长途号码或国际号码），我国统一采用两位代码作为缩位号码。

② 热线服务。该项服务是用户在摘机后在规定时间内如果不拨号，即可自动接到某一固定的被叫用户。一个用户所登记的热线服务只能是一个被叫用户。

当申请热线服务时，一般不应同时申请对所有呼出呼叫限制的服务，当热线与呼出限制冲突时，呼出限制优先。

若用号盘话机或按键脉冲话机登记热线服务，对该用户的收号设备类型不能使用自动，必须设为脉冲收号，否则必须拨至最大号长才能登记成功；登记其他最大、最小号长不等的新业务也必须按此规则设置。

③ 呼出限制。呼出限制是发话限制，使用该项服务性能，可使用户根据需要，通过一定的拨号程序登记，要求限制该话机的某些呼出限制。

④ 遇忙呼叫前转。对申请登记"遇忙呼叫前转"的用户，在申请该项服务时，所有对该用户的呼入呼叫在遇忙时自动转到另一个指定的号码。

⑤ 查找恶意呼叫。用户如果遇有恶意呼叫，则经过相应的操作程序后，即可查出恶意呼叫用户的号码。

⑥ 无条件前转。该项服务允许一个用户对于他的呼入呼叫可以转到另一个号码。使用该业务时所有对该用户号码的呼叫，不管被叫用户是在什么状态，都自动转到一个预先指定的号码。

⑦ 立即热线。当用户申请了立即热线服务后，摘机后不会听到拨号音，交换机立即发出用户所登记的号码。

⑧ 唤醒服务。利用电话机铃声，按用户预定的时间自动振铃，提醒用户去办计划中的事。

⑨ 免打扰服务。免打扰服务是"暂不受话服务"，主要是用户在这一段时间里不希望有来话干扰时，可以使用该项服务。用户申请该项服务后，所有来话将由电话局代答，但用户的呼出不受限制。

⑩ 无应答呼叫前转。该服务是指对登记"呼叫无应答前转"的用户，在使用该项服务时所有对该用户的呼入呼叫在规定时限内无应答时自动转到一个预先指定的号码或几个号码。

⑪ 主叫线识别限制。此项新业务是与主叫号码显示新业务相对的，主叫号码显示业务可以向被叫用户提供主叫的号码，而主叫也可以通过此项新业务限制把号码提供给被叫。

注意：新业务之间是有优先级的，新业务的优先级机制通过程序对各个新业务的先后处理来实现。在同时申请下述业务时，优先级大的业务将先处理，而使优先级小的业务不能处理。

例如某用户要为其办公室话机申请"无条件转移"新业务功能。首先要向电话局申请该业务，由电话局通过 C&C08 数字程控交换系统"MOD ST"为该用户开放此功能，以后用户就可随时使用该新业务。某日用户要去会议室开会，希望将在此期间呼入的所有电话转到会议室的电话 6668888 上。此时要先在话机上登记：摘机，拨 ＊57＊6668888♯，听新业务登记成功提示音后，挂机即可，此后所有呼入均转到 6668888 上。会议结束后，用户回到办公室，希望取消转移功能，在话机上进行取消操作：摘机，拨 ♯57♯，听新业务已撤消通知音，挂机。

新国标规定了新业务登记、验证、使用和撤销的呼叫字冠（双音/脉冲）参见"LST CNACLD"命令。对每项新业务功能，应确认在"LST CNACLD"中能查到相应的被叫字冠，而且要区分是"双音频话机"还是"脉冲话机"。

如对双音频话机，"无条件转移"的被叫字冠是"b57c"。其中：b＝＊；c＝♯；对脉冲话机，"无条件转移"的被叫字冠是"157"。

（2）新业务的开放权限

有些新业务只需向电话局申请即可。如"主叫号码显示"功能。电话局接受申请后开放此功能，用户的主叫显示话机即可显示主叫用户号码了。为用户开放某项新业务功能需首先开放该用户的相应权限，新业务权限的开放是电话局在联机模式下使用"MOD ST"命令实现的。下面给出几种新业务的开放权限命令，其中"A"代表要开通新业务权限的电话。

缩位拨号：MOD ST：D＝K'A，NS＝ADI-1；

热线呼叫：MOD ST：D＝K'A，NS＝HLI-1；

呼叫限制：MOD ST：D＝K'A，NS＝CBA-1；

免打扰服务：MOD ST：D＝K'A，NS＝DDB-1；

追查恶意呼叫：MOD ST：D＝K'A，NS＝MCT-1；

闹钟服务：MOD ST：D＝K'A，NS＝ALS-1。

（3）Centrex 群数据配置

Centrex 群将部分用户组织成一个用户群，其实质是将市话交换机上的部分用户定义为一个基本用户群。Centrex 用户除了享有公网用户基本呼叫及补充业务功能外，还拥有两个号码：一个是公网上的统一编号，称为长号；一个是 Centrex 群内用户呼叫时使用的短号。

假设要增加一个 CENTREX 群，其群号为 1，群名为"test"，并在该群中增加 ST 用户66540808、66540809、66540810，3 个用户的短号分别为 3808、3809、3810，话务台为66540808。要求入群呼叫久叫不应时或被叫忙时不送话务台，话单也不送话务台；群内所有用户都具有本局、本地、本地长途、国内长途、国际长途的呼入权和本局、本地、本地长途、国内长途的呼出权；群内所有用户都可在话机上设定限呼：K0——限呼本地、本地长途、国内长途和国际长途，K1——限呼国内长途和国际长途；群内新业务字冠为通用字冠；群内呼叫直接拨短号，出群字冠为"9"，用户容量为 10，群内用户听二次拨号音后拨被叫长号，群外用户呼叫群内用户直接拨长号；且群内呼叫和群外呼叫区别振铃，群内呼叫正常振铃，群外呼叫长振铃。

操作步骤如下。

① 增加一个 CENTREX 群。

命令：ADD CXGRP：CGN＝"test"，CXG＝1，OGP＝K'9，DOD2＝TRUE，UCPC＝10，SDN＝K'3808，DN＝K'66540808，IGRMJ＝NRM，OGRM＝LONG，CBTCF＝FALSE，NATCF＝FALSE，BSCF＝NO，DELPRIX＝TRUE，MN1＝1。

解释：本命令定义了 CENTREX 群名"test"，群号 1，出群字冠 9，听二次拨号音，用户容量为 10，总机短号：3808，总机长号：66540808，群内正常振铃，群外长振铃，久叫不应、被叫忙不送话务台，话单不送话务台，删除出群字冠。

② 增加一个呼叫源。

命令：ADD CALLSRC：CSC＝1，PRDN＝1。

解释：该命令定义了一个呼叫源码为 1 的呼叫源，预收号位数为 1。

③ 设定 CENTREX 群呼叫字冠。

命令：ADD CXPFX：CXG＝1，PFX＝K'3，CSA＝CIG，MIL＝4，MAL＝8。

解释：增加 CENTREX 群 1 的群内呼叫字冠 3。否则群内短号无法拨通。

④ 增加 CENTREX 用户。

命令：MOD ST：D＝K'66540808，CSC＝1，CF＝TRUE，UTP＝OPR，CXG＝1，SDN＝K'3808。

解释：将 66540808 用户增加到 CENTREX 群 1 中，短号为 3808，呼叫源为 1，用户属性为话务员。在定义呼入和呼出权时，注意呼入权全选，呼出权除国际长途权外全选。用此命令再增加 66540809 和 66540810，用户属性为普通。

⑤ 增加话务台总机。

命令：ADD CTRCONSOLE：CXG＝1，ACC＝K'0，NO＝K'3808。

解释：增加一个总机话务台，群号为 1，接入码为 0，分机号为此 3808。

⑥ 设定 CENTREX 群的出群权限。

命令：ADD CXOCR：CXG＝1，K＝K0，OCR＝LC0－0&LC－1&NTT－1&ITT－0&OCTX－0。

解释：该命令定义了 K0 限呼本地、本地长途、国内长途和国际长途。再用此命令定义 K1 限呼国内长途和国际长途。

Centrex 群数据配置规划如表 4-10 所示，注意规划表中的数据是可以根据实际需求进行变化的。

表 4-10 Centrex 群数据配置规划

呼叫源	长号字冠	设备号	长号	群号	群内字冠	出群字冠	群容量	短号
0	555	0～7	5550001～5550008	1	5	0	8	5001～5008
0	666	0～7	6660001～6660008	2	6	0	8	6001～6008
…	…	…	…	…	…	…	…	…

数据配置步骤：本局呼叫数据－增加 CENTREX 群－增加群内字冠－修改用户号码。

具体数据配置及验证过程略

（4）小交换群数据配置

小交换群采用小交换机进行机关、厂矿、企业等单位内部电话交换。小交换机与公网交换机连接如图 4-42 所示。

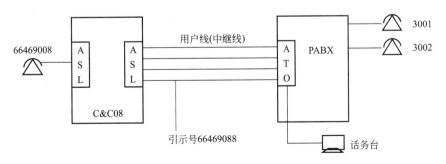

图 4-42 小交换机与公网交换机连接图

公网交换机将小交换机接入公网的方法是将小交换机的出/入中继线接至公网交换机的用户级。从公网交换机侧看，小交换机的每一条中继线相当于公网交换机的一条普通用户线

（即一个用户），小交换机的所有用户共用几条中继线。在公网交换机侧给小交换机分配一个用户号码（相当于小交换机的一个总机号码）。

在 C&C08 数字程控交换机中，一个小交换机在数据上表现为一个小交群组号，一个小交群组号可以包含若干用户群，每个用户群中由同一模块的若干用户组成（用户群不能跨模块）。

以 110 为例，用户只需要知道 110 这个号码，而实际在特服台 110 可能对应好几部话机，用户拨打 110 的呼叫将在这几部话机上实现连选。进行 PBX 数据配置时有以下几条关键命令。

• 命令：ADD PBXG，增加一个小交群组。

例：ADD PBXG：PGG=1，ISQ=TRUE，SGM=CRC，SM1=1，SM2=2。

本命令定义了小交群号为 1，可以排队，选群方式为"循环"，第一和第二搜索模块分别为模块 1 和模块 2。

• 命令：ADD USRG，增加一个用户群。

例：ADD USRG：USRG=1，PGG=1，LSEG=SEQ，MN=1。

本命令将用户群 1 增加到小交群组 1 中，用户群内的选线方式为循环，用户群 1 在模块 1 中。用此命令再增加用户群 2 到小交群组 1 中，用户模块号为 2。

• 命令：ADD ST，增加一个小交用户。

例：ADD ST：D=K'6660001，MN=1，DS=1，RCHS=255，AUT=PBX，PGG=1，USG=1。

本命令增加 6660001 为小交群组 1 的用户群 1 的引示号，其设备号为 1，模块号为 1，计费源码为 255。再用此命令增加剩余的其他用户。注意如果用户原来已存在的话，则需要先删除再添加用户。

• 其他相关命令：

MOD ST	把一个普通用户改变为 PBX 用户或相反；
RMV PBXG	删除一个 PBX 组；
MOD PBXG	修改一个 PBX 组的属性；
LST PBXCF	显示小交群配置信息；
RMV USRG	删除用户组；
MOD USRG	修改 PBX 用户组的属性。

小交群数据配置规划表如表 4-11 所示，注意规划表中的数据是可以根据实际需求进行变化的，按表 4-11 进行。

表 4-11 小交群数据配置规划表

呼叫源	号码	设备号	小交群	用户群	引示号	占用号码的非引示号	不占用号码设备端口
0	5550000～5550005	0～10	1	1	5550000	5550001～5550005	6～10
1	6660000～6660005	11～23	2	2	6660000	6660001～6660005	17～23
2	7770000～7770005	24～31	3	3	7770000	7770001～7770005	30～31

数据配置步骤：增加呼叫源—增加相应的呼叫字冠—增加号段—增加小交群—增加用户群—增加小交引示号用户—增加小交用户。

（5）号码变换数据配置

号码变换的一般处理顺序为：号码准备→主叫号码分析→号首处理→中继承载。实际使用中，可以利用一种或几种变换的组合来实现具体的需求。需要注意的是，利用中继群承载进行号码变换并不影响计费话单，而其他的号码变换都会影响到话单内容。

号码准备只能实现被叫号码变换，主叫号码分析、号首处理、中继承载均可实现主叫和被叫的同时变换。一般主叫号码变换用在对外需要显示一个集体的总机号码时候使用。比如宾馆所有电话打出均显示总机的号码，比如110等特种号码打出时也显示110特种号码。此时均需用到主叫号码变换。

号码变换数据规划如表4-12所示，注意规划表中的数据是可以根据实际需求进行变化的。

表 4-12　号码变换数据规划

呼叫源	本局字冠	号段	设备号	小交引示号	占用号码资源的非小交引示号	变换号码
0	555	5550001～5550032	0～31	5550032	5550001～5550003	110

具体数据配置及验证过程略。

4.6　C&C08交换机计费数据配置

4.6.1　计费功能和原理

主机计费过程由计费分析和计费操作两个步骤组成。计费分析是根据本次呼叫信息得到计费情况，实际上是查询几个分析表格的过程。这些表格规定了什么主叫（以主叫的计费源码表示）呼叫什么被叫（以被叫的计费源码或被叫号码表示），进行了什么类型的通话（承载业务）该如何对主叫计费（计费情况）；还规定了什么被叫（以被叫的计费源码表示）进行什么类型的通话（承载业务）该如何对被叫计费。计费操作是在分析出计费情况的基础上，根据本次呼叫的资源占用（主要为时长、因素）按照该种计费情况的规定作出相应的动作（产生详细话单或跳计次表）。

计费数据由计费情况、计费情况应用以及其他计费相关数据组成。

计费情况是对一种计费处理办法的定义，涉及的内容可以分为两个部分：

① 计费处理：计费局、付费方、计费方法（计次表/详细话单）、费率、最短计费时长等；

② 费用组成计算：通话费用（计费制式）、附加费、信息量计费三个组成部分。

计费情况应用数据规定每一种呼叫的计费情况。在呼叫结束之后根据呼叫信息进行计费分析，得到一种计费情况。这些规定被归纳为如下计费分析表格：

① 计费情况索引：按照主叫计费分组、被叫字冠对应的计费选择码、承载能力所做的计费规定；

② 本局分组计费：按照主叫计费分组、被叫计费分组、承载能力所做的计费规定；

③ CENTREX群内计费：对CENTREX群内呼叫所做的计费规定；

④ 被叫分组计费：对呼叫的被叫所做的计费规定；

⑤ 新业务计费：对用户使用新业务所做的计费规定。

通话计费中，交换机需要确定每次通话的计费情况，查找计费情况时有很多入口，有本局分组表、计费情况索引表、CENTREX 群组表。不同的呼叫有不同的入口，如：CENTREX 呼叫先查 CENTREX 群表，若无匹配记录，再按普通用户处理，查本局分组表，再查计费情况索引表，此为一个通话过程结束后计费情况应用分析的次序。新业务呼叫查新业务计费表。对于任何呼叫，若被叫方设为计费，则查被叫分组表。被叫计费分析只用到被叫分组计费表。

主要的计费分析、费用计算的各表格之间的索引关系如图 4-43 所示。

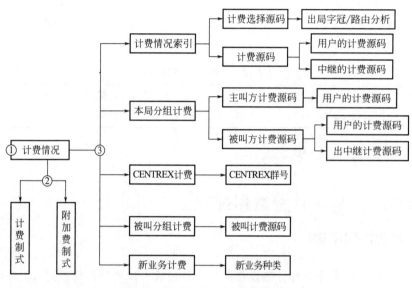

图 4-43　计费分析数据索引关系图

计费与每次通话的时间、距离有关，与通话时长有关，与通话的日期和时刻有关。因此，了解计费数据设定的逻辑顺序是比较重要的。一次呼叫结束后，在 C&C08 计费数据设置中一般分两步来进行，我们应先在计费情况命令组中设定需要区分的各种计费情况，然后在计费情况应用命令组中把各种电话通话对象之间的情况与计费情况对应起来。在 C&C08 程控交换机中，实现准确计费的条件是正确设定计费相关的数据。每一次通话是需要对应着至少一种计费情况应用的，否则会出现告警话单或电话不通。当出现告警话单时，一般是计费数据设置错误。

4.6.2　计费数据及操作维护

4.6.2.1　计费数据

（1）增加计费情况

采用命令"LST/MOD/ADD CHGANA"来进行查询、修改、增加计费情况。

例：新增计费情况时，以前必须没有定义同编号的计费情况。新增计费情况 0，付费方为主叫，计费方法为详细话单，详细话单费率为 60。

命令：ADD CHGANA：CHA＝0，CHO＝NOCENACC，PAY＝CALLER，CHGT＝DETAIL，RAT＝60。

交换机生成一次通话的"主被叫"、"通话时长"、"业务属性"等计费相关信息的结构，根据此结构脱机计费系统可计算本次通话的费用。

计次表是另一种交换机主机计费方式，交换主机根据"通话距离"、"通话时长"、"业务属性"等因素将通话折算成计次数目，累计在为用户或中继配置的计数器上，即计次表上。C&C08 为每个用户或中继群配备 10 个或 20 个计次表（各版本有异），配备多个计次表的目的是累计不同类型呼叫的计费跳表次数。计次表在一定的时段内累积计次数，通常每天凌晨会为每个用户产生上一张计次表话单，输出到磁盘中，同时把其相应计次表清零。C&C08 用一张计次表话单存储一个用户或中继群计次表的一次输出值。

（2）与计费情况对应的计费制式

在新增计费情况后，计费情况必须有其一一对应的计费制式，如果没有指定计费制式，必须要增加分配给计费情况使用的计费制式。通过命令 MOD CHGMODE 来进行。

例：修改计费情况为 8 的正常工作日的计费制式的时区 1 的计次制式为三分三分制。

命令：MOD CHGMODE：CHA＝8，DAT＝NORMAL，TA1＝180，PA1＝1，TB1＝180，PB1＝1。

（3）修改附加费制式

修改指定计费情况的附加费制式的命令名称为：MOD PLUSMODE。

例：修改计费情况 0 的正常工作日的附加费制式的时区 1 的附加费类型 1 为等于附加费费率，附加费费率为 50。

命令：MOD PLUSMODE：CHA＝0，DAT＝NORMAL，AFT11＝EQUAL，AR11＝50。

4.6.2.2 计费情况

计费情况应用是指如何调用各种计费情况。它包括计费情况索引，本局分组计费，被叫分组计费，CENTREX 群内计费，新业务计费方式。交换机通过号码分析后，根据分析结果中的计费方式查找到相应的计费情况，再进行计费处理。

（1）计费情况索引

计费情况索引对本局所有用户呼叫的所有号码做出规定，包括计费选择码、主叫计费源码、传输能力、计费情况四个域。其中计费选择码表示被叫号码的分组，主叫计费源码表示主叫用户的分组，传输能力表示通话类型，计费情况表示以主叫计费源码代表的用户与计费选择码代表的号码进行传输能力代表的通话时，使用的计费方式。

计费情况索引中命令包括增加（ADD CHGIDX），删除（RMV CHGIDX），修改（MOD CHGIDX），查询（LST CHGIDX）功能。增加一种计费情况索引即以前 C&C08 机02 版上的目的码计费，增加计费情况索引的命令为：ADD CHGIDX。

例：指定计费选择码为 0，计费源码为 2，承载能力为所有业务的呼叫，使用计费情况 2 完成计费。

命令：ADD CHGIDX：CHSC＝0，RCHS＝2，LOAD＝ALLSVR，CHA＝2。

（2）被叫分组计费

对被叫进行的计费，与主叫所在地点无关。被叫分组计费有被叫计费源码，传输能力，计费情况三种属性，表示以被叫计费源码代表的被叫用户进行指定的传输能力呼叫时的计费情况。

被叫分组计费中命令有增加（ADD CHGCLD），删除（RMV CHGCLD），查询（LST

CHGCLD)。

例：增加被叫分组计费，指定被叫计费源码为 0，承载能力为所有业务的呼叫使用计费情况 10 完成被叫计费。

命令：ADD CHGCLD：DCHS＝0，LOAD＝ALLSVR，CHA＝10。

（3）本局分组计费

本局分组计费是通常用于本局呼叫的计费，尤其用于 CENTREX 群不跨局情况下的群内计费；也可用于出局、入局、汇接呼叫的计费。有主叫方计费源码、被叫方计费源码、传输能力、计费情况四种属性。表示以主叫方计费源码表示的主叫与被叫方计费源码表示的被叫进行传输能力表示的通话时，应使用计费情况表示的计费方法。本局分组计费中命令有增加（ADD CHGLOC），删除（RMV CHGLOC），修改（MOD CHGLOC），查询（LST CHGLOC）四种操作。

例：指定主叫计费源码为 0，被叫计费源码为 0 的所有承载能力的呼叫使用计费情况 0 完成计费。

命令：ADD CHGLOC：RCHS＝0，DCHS＝0，LOAD＝ALLSVR，CHA＝0。

（4）CENTREX 群内计费

由于 CENTREX 群用户即有公网用户号码的属性，又有作为群内用户的属性。因此对 CENTREX 群内用户的计费可以有两种计费方式。如果对群内用户区分主叫，被叫和承载能力，则应对群内呼叫做区分计费，即通过设置本局分组计费或计费情况索引来实现；如果对群内所有呼叫情形不再做细分，则通过设置 CENTREX 群内计费来实现。

CENTREX 群内用户计费有如下命令功能：增加（ADD CHGCX），删除（RMV CHGCX），查询（LST CHGCX）。

增加 CENTREX 群计费：增加一种虚拟群计费，此后此虚拟群内的呼叫使用指定的计费情况。只用于 CENTREX 群内呼叫。

例：指定虚拟群 19 的群内呼叫使用计费情况 1 完成计费。

命令：ADD CHGCX：CXG＝19，CHA＝1。

（5）新业务计费

新业务计费按使用次数计费，而且计费方法是脉冲跳次。即每使用一次新业务，将对应的计次软表跳脉冲次数，与本次呼叫的通话时长，距离没有关系。有新业务应用类型、计费源码、计次表名、脉冲次数四个参数，表示以计费源码为代表的用户，进行新业务应用类型表示的新业务呼叫时，应对计次表名表示的计次表跳脉冲次数表示的次数。

新业务计费中有命令：增加（ADD CHGNSV），删除（RMV CHGNSV），查询（LST CHGNSV）三种操作。

例：增加一种新业务计费，计费源码为 0 的用户每使用一次缩位拨号登记就跳一次计次。

命令：ADD CHGNSV：NS＝ADR，RCHS＝0，MID＝METER5，PLSN＝1。

4.6.2.3 日期类别、附加费与计次表

（1）日期类别

日期类别中的操作命令有增加（ADD DCAT），删除（RMV DCAT），查询（LST DCAT）三种。每一天缺省的日期类别从星期类别分析表中查出，如果从这两个表中查得的

日期类别有冲突，优先次序是节假日、节假日前一天和正常工作日，比如1月1日是星期五，按日期类别表查出是节假日，按星期类别分析表查出是节假日前一天，那么算作节假日。

（2）星期类别

每一天缺省的日期类别是正常工作日，只需在星期类别表、日期类别表中指明"假日"或"假日前一天"的情况即可。当星期类别与日期类别有冲突时，优先次序是假日→假日前一天→正常工作日。例如1月1日是星期五，按日期是查出是"假日"，按星期类别查出是"假日前一天"，则算作假日。

星期类别中的命令有：修改（MOD WACT），删除（RMV WACT），查询（LST WACT）。

（3）附加费

附加费收费方式操作命令有增加（ADD PLUSPAY）、删除（RMV PLUSPAY）、修改（MOD PLUSPAY）、查询（LST PLUSPAY）四种。

例：新增一种附加费收费方式，每60秒收30分。

命令：ADD PLUSPAY：ACHT＝0，TA＝60，MA＝30，TB＝60，MB＝30。

（4）计次表费率

计次表费率操作命令有修改（MOD MTRR）和查询（LST MTRR）两种。

C&C08机中所有计次表费率在系统初始化时置为10，修改各计次表、计费脉冲的单价是计费数据的重要步骤，适当地设定各个脉冲的值才能正确地进行立即计费和各种脉冲之间的转换。

例：修改中继计费脉冲的费率为30分。

命令：MOD MTRR：MID＝TKCHGPLS，RAT＝30。

4.6.3　话单管理系统

话单管理系统包括客户端和服务器两部分。客户端可观察到交换机生成的话单，维护交换机主机话单缓冲池；服务器可将主机话单取出保存为话单文件。话单管理有以下的功能：话单浏览、取话单设定、主机话单池、话单池管理、话单文件管理等。

C&C08共有如下几种话单：

① 详细话单；

② 计次表话单；

③ 计次表统计话单；

④ 中继时长统计话单；

⑤ 免费统计话单。

4.6.3.1　取话单操作

（1）计次表和统计话单的更新

更新话单池的操作把主机的计次表和统计表的内容变换成相应的话单，并重置为0。此操作将生成话单，可以从话单缓冲池信息中看出。

命令：RST BILPOL

命令功能：更新主机计次表和统计话单。

例：更新主机话单池统计话单。

输入命令：RST BILPOL：FLT＝STATS。

（2）立即取话单

系统在平时运行时，会定时自动取话单和溢出自动取话单，溢出取话单指当主机话单池将溢出时（话单数达到话单池容量的60％）主机主动要求话单台取话单。但在特殊情况下，BAM 和主机长时间不通信（如 BAM 系统升级时），需要用户主动取出主机话单池中的话单以防止主机话单池溢出。在取话单之前，用户应首先更新计次表和统计话单以保证计次表话单的准确性。

例：取出交换机中所有的话单。

输入命令：RST BILPOL：FLT＝ALL；STR BILIF。

在 STR BILIF 命令返回成功后并不表示取话单成功，只是表示开始取话单。要观察话单是否全部取完，可利用命令 LST BILPOL 查看主机话单池是否已经被取空，当所有的模块均上报取话单结束时，表示取话单结束。

（3）设置自动取话单

该命令实现设置 BAM 取话单状态为自动取话单的功能。目前在 C&C08 交换机 R105M5008 以上版本上存在有自动隔5s取一次话单的功能。其余的只能根据定义好的时间才可以取话单。命令为：STR BILAF。

例：设置当前取话单状态为自动取状态。

输入命令：STR BILAF。

（4）设置自动取话单时间

系统会根据用户的设置定时自动取话单，为了得到最新的计次表话单，在取话单前可设置自动更新计次表，但为了在话务量比较大时不占用主机资源，可以设置在忙时不取话单。通过命令"LST BILTST"可以查看系统的自动取话单时间设置，"MOD BILTST"可以修改系统的自动取话单时间设置。

显示自动取话单时间设置命令：LST FBIL；修改自动取话单时间设置命令：SET FBIL。

例：设置上午不取话单时间为9点至10点，下午15点至17点不取话单，每60分钟自动取话单。

输入命令：SET FBIL：STA＝9＆10，STP＝15＆17，STEP＝60；其中参数 STA 表示上午不自动取话单起始时间段，STP 表示下午不自动取话单起始时间段，STEP 表示自动取话单时间间隔。

4.6.3.2　话单查询操作

（1）查询主机话单信息

当需要知道主机话单池的信息时，可利用"LST BILPOL"命令查询主机话单池，当需要知道主机中统计话单和计次表的信息时，可利用命令"LST BILMTR"查询主机统计话单和计次表的信息。

命令名称：LST BILPOL；命令功能：查询主机话单池。

命令名称：LST BILMTR；命令功能：查询主机计次表、统计话单。

例：查询 3 号模块话单池信息。

输入命令：LST BILPOL：MN＝3；参数 MN 表示模块号。返回信息如下：

模块	话单数	备份指针	取指针	存指针	流水号	话单池大小	CTX 话单	CTX 话单池
3	0	3	3	3	3	30000	0	2000

从返回信息中可以了解到：普通话单池容量为 30000 张话单；Centrex 话单池容量为 2000 张话单；普通话单池中没有话单送到 BAM 上，Centrex 话单池中目前没有缓冲的话单。

流水号表明从机器上一次加电启动以来该模块向 BAM 已经发送的话单数量，模块 3 流水号为 3，该模块向 BAM 发送过 3 张话单。

普通话单池是一个环形队列。[取指针] 指向队列的头，[存指针] 指向队列的尾，初始状态 [取指针]＝[存指针]＝0。主机生成的话单加到队列尾部，使 [存指针] 后移，值增加，主机向 BAM 发送话单，使 [取指针] 后移，值增加。[取指针] 和 [存指针] 增加到超过话单容量（30000）的时候，指针回头指向 0。本次结果表示指向普通话单池中话单缓冲队列头的 [取指针] 为 3，指向话单缓冲队列尾的 [存指针] 为 3。

话单缓冲队列中的话单将备份到备机上，备份过程是定时分批地把话单缓冲队列从头到尾向备机备份，[备份指针] 指明当前备份进行的位置。[备份指针] 等于 [取指针] 表明话单缓冲队列没有开始备份，[备份指针] 等于 [存指针] 表明话单队列已经全部备份，[备份指针] 位于 [取指针] 和 [存指针] 之间则表明话单缓冲队列已经部分备份。本次结果表示话单缓冲队列已全部备份。

（2）查询 BAM 详细话单

该操作用于在 BAM 上查询一个用户在一段时间内的详细话单。使用的命令：LST AMA。

例：查询主叫 8003016 在 1999 年 3 月 30 日的详细话单。

输入命令：LST AMA：D＝K'8003016，SD＝1999&3&30，ED＝1999&3&30；其中参数 D 表示主叫号码，SD 表示查询起始日期，ED 表示查询结束日期。

注意：

① "LST AMA" 命令查询 BAM 话单文件最大长度为 200MB。如果查询范围内的话单文件总长度超过 200M，则不能在 BAM 查询，需通过专用工具或到计费中心查询；

② 查询时主叫号码和被叫号码均为匹配查询，如查询主叫 8002，则查出所有主叫字冠为 8002 的详细话单，如主叫号码为 8002002，8002110 等；

③ 如果查出的话单总数超过 200 张，则只显示前 200 张话单（按时间先后）。

（3）查询 BAM 计次表

该操作用于在 BAM 上查询一个用户或中继的计次表。使用到的命令：LST MTR。

例：用户 8004132 的计次表。

输入命令：LST MTR：D＝K'8004132；其中参数 D 表示用户号码。

注意：

① 本命令只查询写入 BAM 数据库的计次表计数，不包含主机中保存的计次表计数，这点和 LST BILMTR（查询主机计次表、统计话单）命令不同；

② 查询结果包括从上次调用 RMV BILMTR 命令以来的所有计次表计数累加，如果从未调用 RMV BILMTR，则结果为系统安装以来的所有计次表计数累加。

（4）启动话单跟踪

在计费数据配置测试时，测试人员希望能方便、快捷地看到测试通话的话单信息。该操作用于启动对某一计费对象的计费话单跟踪，启动跟踪后，被跟踪计费对象（用户、中继）在通话结束后，在 BAM 的信息窗会立即显示该次通话的话单，包括详细话单和计次表话单。每一个模块最多可同时启动 10 个跟踪，当跟踪登记过多时，可用停止话单跟踪命令撤销不再需要的跟踪。

使用到的命令有：启动话单跟踪：ACT BILLTRAC；停止话单跟踪：STP BILLT-RAC。

例：启动对主叫 8888100 的话单跟踪。

输入命令：ACT BILLTRAC：BTT＝TCER，PFX＝0，DN＝K'8888100；其中参数 BTT 表示用户主叫，PFX 表示号首集，DN 表示用户号码。返回 0 表示成功。

输入命令 STP BILLTRAC；输出结果 RETCODE＝14071 停止所有跟踪执行完毕。

注意：

① 每个模块最多可启动 10 个跟踪，超过该值将返回失败。多个工作站可同时启动各自的跟踪，互不影响；

② 当跟踪对象为用户时，要输入号首集和用户号码，对中继跟踪时，只需输入中继群号；

③ 从某一工作站执行的停止跟踪命令，将停止该工作站启动的所有跟踪。当某工作站非正常退出后，主机将在 15min 后自动停止该工作站已启动的跟踪。

（5）查询 BAM 统计话单

该操作用于在 BAM 上查询某类统计话单。命令名称：LST STATBIL

例：查询模块 1 的本局计次表统计话单。

输入命令：LST STATBIL：SBT＝LOC，MN＝1，SD＝1999&07&01，ED＝1999&07&15；其中参数 SBT 表示统计类型，MN 表示模块号，SD 表示起始日期，ED 表示结束日期，返回 0，表示成功。

注意：

① 本命令只查询写入 BAM 数据库的统计话单，不包含主机中保存的统计话单；

② 模块号采用缺省值，则查询全部模块的统计话单；日期采用缺省值，则查询当天的统计话单。

4.6.3.3　话单文件的存放

R002 版 DBF 格式的 BILL 文件存放路径：D：\BILL\；以模块分类按时间生成编号存放。

R003 版以上 MML 格式的 BILL 文件缺省存放路径：D：\BILL\BILL\20030505. BIL；按时间生成编号存放 BIL 文件；

D：\BILL\CENTREX\GROUP0\20030505. BIL；按时间生成编号存放 CENTREX 话单 BIL 文件；

D：\BILL\SSP\20030505. BIL；按时间生成编号存放 SSP 类型话单 BIL 文件。

另外，在 D：\BILLSORTER 下存放有未分类的话单 BIL 文件。原始话单的格式参见相关资料。

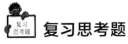

复习思考题

一、填空题

1. 呼叫处理的三个步骤是_____、_____和_____。

2. 设备号是_____的编号，设备号在模块内统一编号。

3. 窄带 ISDN 有两种不同速率的标准接口：一种是基本接口 BRI，速率为_____ bit/s，支持 2 条_____bit/s 的用户信道（B 信道）和 1 条_____bit/s 的信令信道（D 信道），即_____接口；另一种是基群速率接口 PRI，即_____接口。

4. 机框在同一模块内统一编号。主机的机框一般按照_____、_____、_____的顺序从下到上，从左到右编排。

5. 每一个普通用户框占用_____条 HW；每一块数字中继板（DTM）占用_____条 HW。

6. 一个用户框占用_____个主节点；一块 DTM 板占用_____个主节点。

7. 本局用户基本业务数据配置步骤为：_____。

8. 按信令的作用区域划分，可分为_____信令与_____信令。

9. _____信令在用户线上传递，_____信令在局间中继线上传送。

10. No.7 信令网由_____、_____和_____ 3 部分组成。

二、选择题

1. 基本接口 BRI 支持的 B 信道速率为（　　）Kbit/s。

A. 16　　　　　　　B. 64　　　　　　　C. 128　　　　　　　D. 256

2. 机框在同一模块内统一编号。主机的机框一般按照（　　）→（　　）→（　　）的顺序从下到上，从左到右编排。

A. 主控框、中继框、用户框　　　　　　B. 中继框、用户框、主控框

C. 中继框、主控框、用户框　　　　　　D. 用户框、中继框、主控框

3. 路由选择码是指（　　）。

A. 出局字冠　　　B. 入局字冠　　　　C. 不同的出局字冠　D. 不同的入局字冠

4. 呼叫源码对应（　　）。

A. 路由选择源码　B. 出局字冠　　　　C. 目的码　　　　　D. 路由选择码

5. 下面不属于用户线信令的是（　　）。

A. 1 号信令　　　B. 回铃音　　　　　C. 忙音　　　　　　D. 拨号音

6. 信令信号和语音信号是在同一个信道上传送的，属于（　　）信令。

A. 用户线　　　　B. 局间　　　　　　C. 共路　　　　　　D. 随路

7. 在电路交换中，用户和交换机之间传送的信令属于（　　）。

A. 随路信令　　　B. 公共信道信令　　C. 用户线信令　　　D. 局间信令

8.在电路交换机中，交换机之间，交换机与网管中心、数据库之间传送的信令属于（　　）。

A.随路信令　　　　B.公共信道信令　　C.用户线信令　　　　D.局间信令

9.发送拨号音的过程，是将用户的接收通路连接到系统中的信号音发送通路的过程，通常通过（　　）来完成。

A.用户模块　　　　B.中继模块　　　　C.数字交换网络　　D.信令设备

10.下列业务优先级最高的是（　　）。

A.免打扰，缺席用户服务　　　　　　B.无条件前转

C.遇忙前转，无应答转移　　　　　　D.呼叫等待，追查恶意呼叫

三、判断题

1.在进行数据配置时不能删除配有用户或功能的单板或机框，也不能增加没有配单板或机框的用户。　　　　　　　　　　　　　　　　　　　　　　　　　　（　　）

2.配置用户数据时，用户号码对应的呼叫字冠不必先配置。　　　　　　　　（　　）

3.一个呼叫源只能对应一个号首集，一个号首集可以为多个呼叫源共用。　　（　　）

4.基本接口 BRI 和基群接口 RPI 支持的信令信道速率是相同的。　　　　　（　　）

5.数字用户板 DSL 即 2B＋D 的基本速率接口板。　　　　　　　　　　　　（　　）

6.容量为 1K 的交换网络表示每次暂存 1024 个 PCM 码字。　　　　　　　（　　）

7.回铃音属于用户线信令。　　　　　　　　　　　　　　　　　　　　　　（　　）

8.中国 1 号信令和 No.7 信令均为局间信令。　　　　　　　　　　　　　　（　　）

四、简答题

1.解释本局呼叫、入局被叫、出局呼叫和转接呼叫，并分别画出呼叫流程图。

2.简述本局呼叫接续的处理过程。

3.解释号段、放号、呼叫源、号首集。

4.简述呼叫源与号首集的关系。

5.在扫描监视和摘机识别工作中采用群处理有什么意义？

6.分析用户号码的目的、依据和方法。

第5章

程控交换机的维护

本章概要

本章主要学习对程控交换机的维护，主要内容包括对程控交换机状态的查询和监控、C&C08 交换机系统的维护和操作。通过本章的学习，能对程控交换机状态进行查询和监控，熟悉对 C&C08 交换机进行维护的内容和方法。

教学目标

1. 能够利用维护终端熟练地对程控交换机状态进行查询和监控
2. 对 C&C08 数字程控交换机告警系统、测试系统能熟练地进行维护和操作
3. 对日常维护工作的内容有基本了解

5.1 程控交换机状态查询和监控

5.1.1 基本知识

利用维护终端状态监视功能对设备各个部分功能进行监视。由于维护终端所能做的监视操作很多，本节主要完成如下几种状态查询和操作：

① CPU 状态查询；

② 程控交换机各功能电路状态查询和监视；

③ 数字中继跟踪；

④ 7 号信令跟踪。

5.1.2 操作步骤

在维护工具导航窗口启动后进入如图 5-1 所示的界面。

在图 5-1 中，可以根据不同的状态查询需要，进入不同的功能界面进行操作。

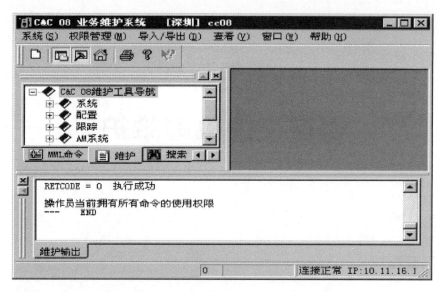

图 5-1　C&C08 交换机维护工具界面窗口

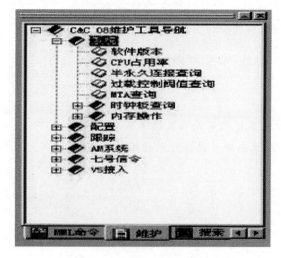

图 5-2　CPU 状态查询界面

（1）CPU 状态查询

在 "C&C08 维护工具导航" 的 "系统" 下可以进行的查询和监视操作包括：软件版本、CPU 占用率、半永久连接查询和内存操作，如图 5-2 所示。

① 查询版本号。双击 "软件版本"，系统会弹出如图 5-3 所示的查询结果窗口，该窗口会根据主机上报的内容实时显示软件版本的信息。

② 查询 CPU 占用率。双击 "系统/CPU 占用率"，系统会弹出图 5-4 所示的窗口。查看所有模块 CPU 占用率，可实时了解各模块 CPU 的占用百分比及运行状态。CPU 的运行状态分为正常、过载和拥塞三种。查询结果以二维图形的形式在窗口显示，屏幕一般约 5s 定时更新显示。

③ 查询过载控制阈值。双击 "过载控制阈值查询"，系统会弹出如图 5-5 所示的窗口。查看指定模块的过载控制阈值。

（2）交换机各个功能块查询和监视

查看主机硬件配置状态的功能，可以使维护人员在操作终端上实时查看各模块当前与 AM/CM 的通讯情况、各模块的配置情况、各种单板的信息（包括单板状态、单板类型及相关信息）和网板时隙的占用情况。硬件配置状态面板可以提醒维护操作人员注意设备运行的异常信息。查看硬件配置状态的操作对维护操作人员而言是一个非常有用的手段，其包含的信息量大而且操作非常简单。

双击 "硬件配置状态面板"，系统弹出如图 5-6 所示的硬件配置状态窗口。

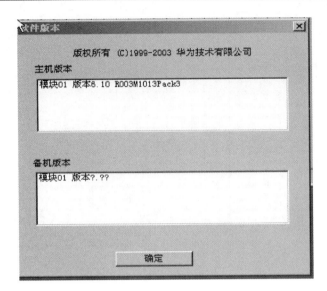

图 5-3　软件版本界面

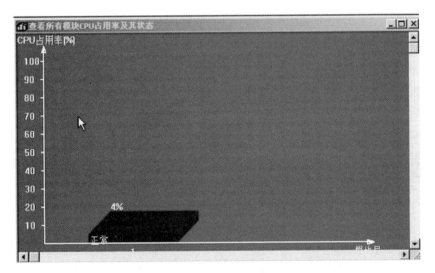

图 5-4　查询 CPU 占用率界面

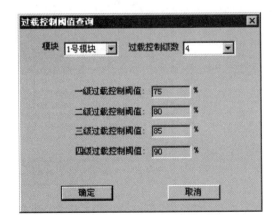

图 5-5　过载控制阈值查询界面

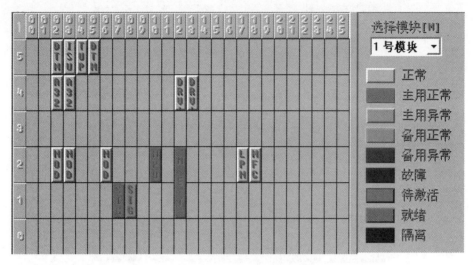

图 5-6 硬件配置状态窗口

（3）数字中继跟踪

中继电路类型有两种：1号数字中继电路（TK）和7号数字中继电路（TUP、ISUP）。首先要启动对指定中继进行接续动态跟踪，启动对指定中继进行接续动态跟踪有两种方法。

① 硬件状态面板中进行操作。以跟踪7号信令中继电路的方法进行说明。在图5-7所示硬件状态面板，鼠标点中 TUP 板按右键查询 TUP 板，会出现如图5-8所示的接续动态跟踪界面，选中指定的中继电路，单击右键浮动菜单中的"接续动态跟踪"菜单，可以启动指定中继的接续动态跟踪。

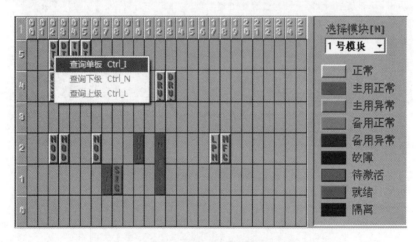

图 5-7 硬件配置状态窗口

② 设置指定中继动态接续跟踪对话框。系统弹出如图5-9所示的指定中继接续动态跟踪设置对话框，输入模块设置、电路类型、信道号三项。

如图5-10所示，在"C&C08维护工具导航"菜单的"跟踪"下单击"持续动态跟踪"选项。

图5-10中，"电路类型"选择"用户外码"，号首集为0，电话号码根据自己实训桌的电话所在位置设置，这里举例为5550000，单击"启动跟踪"，如图5-11所示。

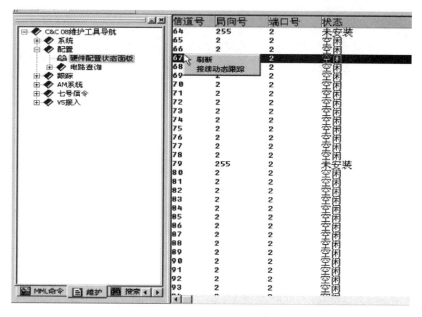

图 5-8　接续动态跟踪界面

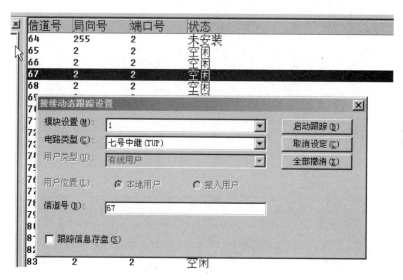

图 5-9　中继接续动态跟踪设置对话框

用 5550000 的电话拨其他的电话，如 0105550001，就可以监视到电话的使用情况，如图 5-12 所示。

在"C&C08 维护工具导航"的"7 号信令"目录下，包含 7 号信令跟踪、7 号信令跟踪回顾、7 号信令相关状态查询、7 号电路查询、按目的信令点查询链路、按局向查询系统和电路状态，如图 5-13 所示。

系统弹出的 7 号信令跟踪设置对话框如图 5-14 所示。

在界面的左下角，如果"跟踪信息存盘"域状态为"√"，则可在"7 号信令跟踪回顾"菜单中将存盘的信息调用出来，进行回放，回顾信息存放在 D：\ CC08 \ TRACE \ MSU 目录下。

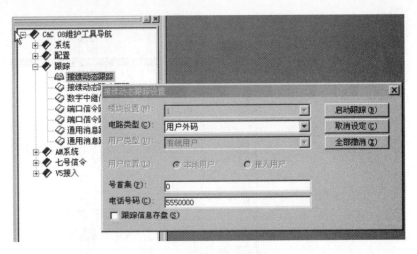

图 5-10　持续动态跟踪界面

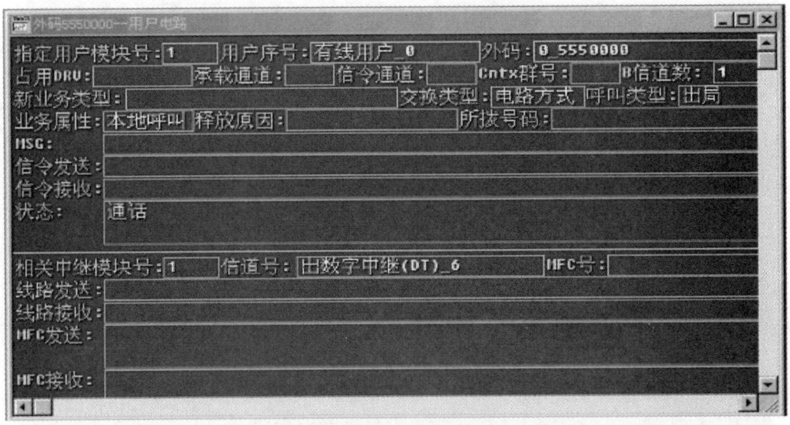

图 5-11　启动跟踪界面

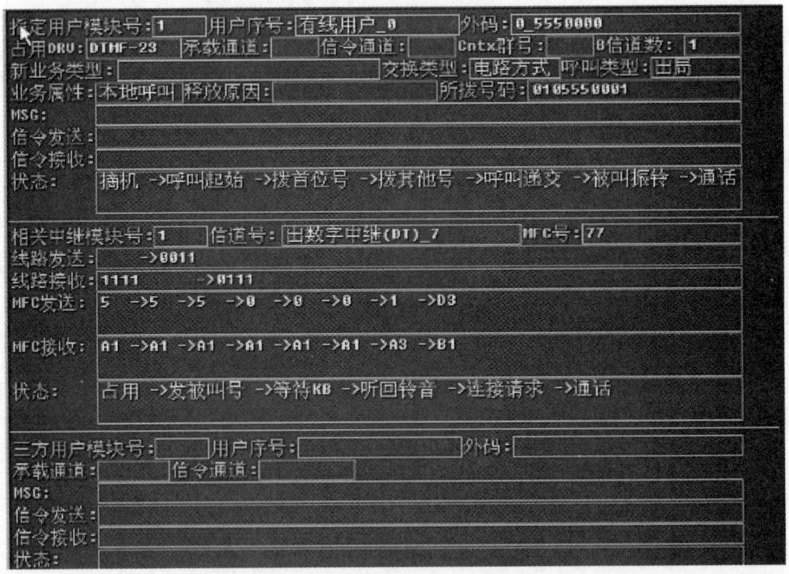

图 5-12　电话使用情况的监视界面

图 5-13　7 号信令查询界面

图 5-14　7 号信令跟踪设置界面

根据实际情况，需要输入或选择以下内容。

① 模块号：欲跟踪的 7 号信令链路所在的交换模块号。

② 链路号：欲跟踪的 7 号信令链路在该交换模块内的编号。

③ 消息类型：欲观察的消息类型，选中√的消息类型将在跟踪结果中显示。消息类型包括：

• NM：信令网管理消息，为 MTP 三层消息，如 COO（链路倒换）消息；

• SLT：信令链路测试消息，也属于 MTP 三层消息，如 SLTM（信令链路测试消息）、SLTA（信令链路测试证实消息），当 7 号信令链路不能正常定位情况或分析时断时续的原因时，需要选中此项内容；

• SCCP：信令连接与控制部分消息；

• TUP：电话用户部分消息，如 IAM（初始地址消息）；

• ISUP：ISDN 用户部分消息，如 INR（信息请求消息）；

• MT：后台维护测试消息；

- UNKNOWN：RSMII 的消息；
- L2＿CHANGE：MTP 二层消息，当 7 号链路不能正常定位或分析时断时续的原因时，需要选中此项内容。

设置完毕，确定后，系统开始跟踪 7 号信令链路消息并且弹出图 5-15 所示的跟踪窗口。

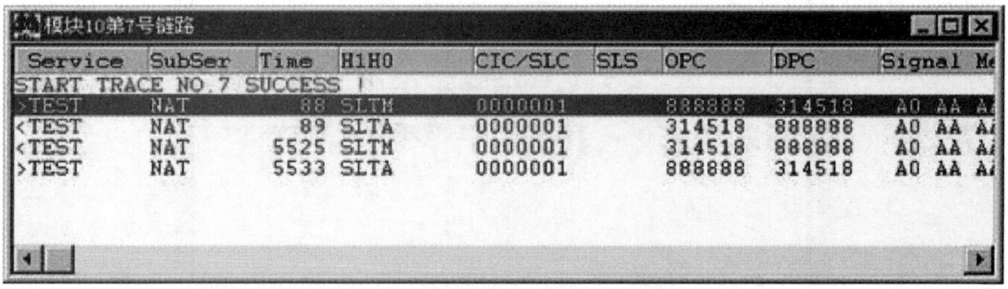

Service	SubSer	Time	H1H0	CIC/SLC	SLS	OPC	DPC	Signal Me
START TRACE NO.7 SUCCESS！								
>TEST	NAT	88	SLTM	0000001		888888	314518	A0 AA AA
<TEST	NAT	89	SLTA	0000001		314518	888888	A0 AA AA
<TEST	NAT	5525	SLTM	0000001		314518	888888	A0 AA AA
>TEST	NAT	5533	SLTA	0000001		888888	314518	A0 AA AA

图 5-15　7 号信令链路消息跟踪窗口

5.2　C&C08 交换机系统的维护

5.2.1　告警系统的维护和操作

5.2.1.1　告警概述

（1）告警系统的输出

告警系统按输出途径可划分为三个部分：告警信息送后台、告警信息送告警箱和行列灯驱动，这三部分相互独立。

① 告警信息送后台　当发生故障或异常事件后，交换机将根据故障类别，查询数据库，获取该告警的配置信息，如：是否送后台、告警级别等等。告警信息产生后，将根据配置信息送入相应的告警缓冲区，由传输层负责送至后台。

② 告警信息送告警箱　交换机主机中保存了告警箱所有灯的状态。当产生故障告警与恢复告警时，就将相关灯状态实时更新，用于向告警箱重发亮灭灯信息。当告警箱复位或初次在线时，交换机所有模块都将向该告警箱重发本模块的灯态消息；另外主机还每分钟定时向告警箱重发。重发机制主要用来保证告警箱灯态与主机状态的一致。

③ 行列灯驱动　行列灯告警仅用于表示单板类故障。当交换机一个模块的单板发生故障时，主机将根据告警数据库确定该故障属于什么级别，并据此驱动行列灯。行列灯驱动与前面两部分完全独立。主机定时扫描所有单板，遇到故障，则驱动行列灯。定时扫描为每秒扫描一框，因此行列灯驱动并非严格实时，根据框的多少有一定延时。

当单板故障的级别为一级时，红灯亮；二、三级时，黄灯亮；四级时，绿灯亮。电源板故障也在行列告警灯中显示，一般将电源板故障告警的级别默认为二级，相应行列告警灯为黄灯。

（2）告警系统的输入

告警系统按输入途径也可分为三部分：硬件故障告警、运行维护类告警和环境告警。硬件故障告警主要包括各类单板的异常，如用户板故障、二次电源故障告警等。当某单板出现异常时，该信息将上报到主机并输出。运行维护类告警则用于上报交换机软件在运行时产生的各类异常或重大事件，如 7 号断链、消息包过载等告警。

环境告警是通过交换机提供的接口，把外部采集器收集的环境信息上报至主机，由主机做相应判断后，产生告警信息。

5.2.1.2 集中告警板

告警板可以看作 C&C08 交换系统客户端的入口，能从告警板上打开告警台和维护系统。启动告警板时，显示告警板图形界面，如图 5-16 所示。

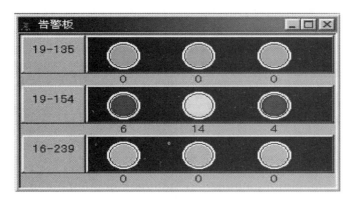

图 5-16 告警板图形界面

图 5-16 中告警板显示局点信息，包括局点名和三个告警指示灯。

告警板上各局点均有三个指示灯，分别显示紧急故障告警（红色）、重要故障告警（黄色）、次要故障告警（蓝色）。启动告警板的同时，依次打开各局点的告警台，若告警台登录成功，相应局点的告警灯变绿，告警数置零，随后告警灯与告警个数随告警台初始查询显示的改变而改变；若登录不成功，告警灯保持灰色，但告警个数依然与告警台保持一致。

5.2.1.3 告警台的一般操作

告警台的操作以菜单操作为主，包括系统、告警浏览、告警查询、告警管理、窗口、帮助六个栏目。

（1）系统

单击"系统"菜单项时，弹出图 5-17 所示的菜单。从中可进行系统登录、设置告警显示的颜色、打印设备设置、预览及实时打印过滤设置、打开维护台等操作。

（2）告警浏览

选择"告警浏览"菜单项时，弹出菜单。从中可以浏览故障、事件、历史、恶意呼叫告警的详细内容，并可显示告警信息。告警按类别分有三类：故障告警、恢复告警和事件告警。故障告警是指由于硬件设备故障或某些重要功能异常而产生的告警。恢复告警是指故障设备或异常功能恢复正常时产生的告警。事件告警是指提示性的或故障与恢复不能一一对应的告警。告警级别用于标识一条告警的严重程度和重要性、紧迫性，分为四个级别：紧急告警、

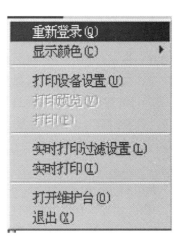

图 5-17 系统菜单

重要告警、次要告警和警告告警。

① 故障告警浏览窗口。故障告警浏览窗口实时地逐条显示已发生的各级故障告警。每一条故障告警消息包括：告警流水号、告警名称、告警级别、告警发生时间、告警编号、告警网管分类、模块号、功能子系统、A/B 机指示，定位信息、告警类别和局名共十二项，初始打开时，故障告警浏览窗口显示以前一段时间内的故障告警。

② 事件告警浏览窗口。事件告警浏览窗口实时地逐条显示已发生的各级事件告警。每一条事件告警消息包括：告警流水号、告警名称、告警级别、告警发生时间、告警编号、告警网管分类、模块号、功能子系统、A/B 机指示，定位信息、告警类别和局名共十二项，如图 5-18 右侧所示。

图 5-18　告警台系统界面

③ 历史告警浏览窗口。历史告警浏览窗口逐条显示以前一段时间内的故障和事件告警。每一条历史告警消息包括如前一样的十二项。

④ 恶意呼叫告警浏览窗口。恶意呼叫告警浏览窗口实时地记录符合设定条件的恶意呼叫，逐条显示以前一段时间内的恶意呼叫告警。若想查看某个告警只需在相应的窗口选中这个记录，双击鼠标左键，则弹出具体告警信息。

⑤ 打开告警过滤浏览窗口。通过设定告警过滤器，可以有选择地显示告警信息。单击菜单项"告警浏览"中的"告警过滤浏览"，弹出"告警浏览过滤器设置"对话框，如图 5-19 所示。

（3）告警查询

本功能可以设定查询选项，显示所需的告警信息。单击菜单项"告警查询"中的"查询"，弹出"告警查询选项设置"对话框，如图 5-20 所示。

根据需要进行设定后，单击"确定"按钮，显示查询结果。

（4）告警管理

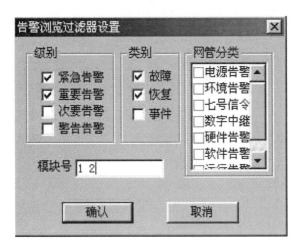

图 5-19　告警过滤器对话框

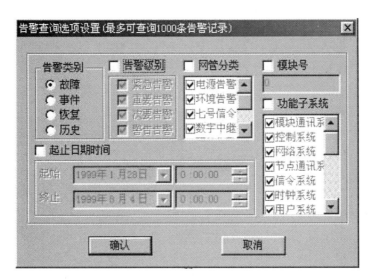

图 5-20　告警查询选项设置对话框

选择"告警管理"菜单项，弹出如图 5-21 所示的菜单。

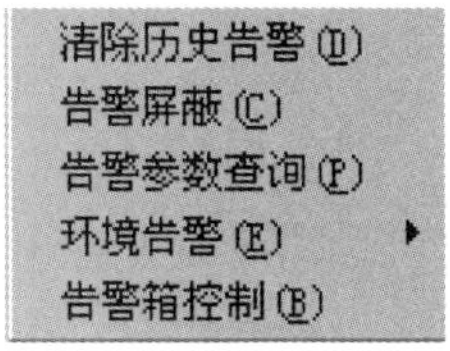

① 清除历史告警。删除数据库中某个时间段内的告警信息，避免告警信息占用过多的硬盘资源，相关命令：DEL ALMLOG。

② 告警屏蔽。当到来的告警信息很多，而某些模块或某些类型的告警相对不很重要时，就可以通过设置将它们屏蔽掉，告警屏蔽设置对话框如图 5-22 所示。

> 清除历史告警(<u>D</u>)
> 告警屏蔽(<u>C</u>)
> 告警参数查询(<u>P</u>)
> 环境告警(<u>E</u>)　　▶
> 告警箱控制(<u>B</u>)

图 5-21　告警管理菜单

告警屏蔽具体有以下功能：屏蔽某一模块的某一告警编号的告警；屏蔽某一模块的特定级别、特定类别的告警；屏蔽某一模块的某一单板的告警。

5.2.1.4　告警分类

按照网管标准分类，告警共有 7 类：

① 电源系统：有关电源系统的告警；

图 5-22　告警屏蔽设置对话框

② 环境系统：有关机房环境（温度、湿度、盗警等）的告警；

③ 信令系统：有关随路信令（一号）和共路信令（7 号）等告警；

④ 中继系统：有关中继电路及中继板的告警；

⑤ 硬件系统：有关交换机中单板设备的告警（如时钟、CPU 等）；

⑥ 软件系统：有关交换机软件方面的告警；

⑦ 运行系统：系统运行时产生的告警。

按照告警箱告警分类，告警共有 17 类：

① 模块间通信系统：由 OPT、OBC、QSI、TCI 等设备产生的告警组成；

② 控制系统：由 MPU、EMA、SPC、BCC、MEM 等设备产生的告警组成；

③ 网络系统：由 BNET、CNU、SNU、SIG 等设备产生的告警组成；

④ 主节点通信系统：由 NOD、RSA 等设备产生的告警组成；

⑤ 信令系统：由 NO7、LPN7、LPV5、LPRA、MFC、DTR 等设备产生的告警组成；

⑥ 时钟系统：由 CLK、CK2、CK3、CKS 等设备产生的告警组成；

⑦ 用户系统：由 ASL、DTMF、DSL、PRA、AVM、DCN 等设备产生的告警组成；

⑧ 中继系统：由 ISUP、TUP、iDT、DT、V5TK 等设备产生的告警组成；

⑨ 测试告警系统：由 TST、TSS、ALM 等设备产生的告警组成；

⑩ 电源系统：由 PWC、PWX 等设备产生的告警组成；

⑪ 环境系统：由机房环境（如温度、湿度、盗警及自定义）等设备产生的告警组成；

⑫ 传输系统：由传输系统（PCM 传输线路）产生的告警组成；

⑬ 数据库系统：由交换机中数据库系统产生的告警组成；

⑭ 话单告警：由交换机中计费系统产生的告警组成；

⑮ 呼叫识别：由交换机中呼叫控制产生的告警组成，如 110、119、恶意呼叫追查等；

⑯ 软件运行告警：由交换机在运行时产生的一些告警组成，如 CPU 过载；

⑰ 杂项：其他一些不在上述类别中的告警，归入此类。

5.2.2　测试系统的维护和操作

C&C08 数字程控交换机提供了较强的测试和诊断功能。一方面，各智能单板都具有自检功能，在机器运行过程中，各智能单板实时进行自检，一旦有错误或故障将自动报警或倒换；另一方面，可以通过测试子系统向主机发送命令，完成指定设备的测试与测量。

测试系统的组成和基本原理：测试系统由硬件测试设备、主机软件和终端软件组成。主要的测试设备包括用户电路测试板（TSS）、中继电路测试板（TST）、用户模块母板测试总线以及带有自测功能的各种智能单板。测试系统的主机软件为运行于交换模块主机软件中的TEST 程序模块。测试系统终端软件由 BAM 上的测试服务器和工作站上的测试台组成。

5.2.2.1 测试内容

C&C08 测试管理的测试包括以下两部分：例行测试和诊断测试。

（1）例行测试

例行测试主要指机务人员或测量人员对交换设备或者用户端口进行的各项性能或指标的测试。

① 内线测试。用户电路内线测试完成对模拟用户板内的用户电路的性能和指标的测试功能。用户可以通过测试子系统向主机发出用户内线测试命令。可以一次指定一条用户电路进行内线测试，也可以一次指定多条用户电路进行内线测试，测试子系统将自动向主机发送测试命令。主机接收到测试命令后即通过测试通信板启动用户电路测试板，对相应用户电路进行内线测试。在硬件方面，进行用户电路内线测试时，处于测试状态的电路的测试继电器将用户电路内线与外线断开，而将用户电路内线与测试板的内测试总线相连。此时，测试板充当用户电路外线及话机的功能，从而对用户电路内线进行测试。

用户电路内线测试主要测试的用户电路功能有：摘机、拨号音、脉冲发码、回铃音、忙音、馈电、极性改变、挂机、振铃、截铃。对于忙状态的用户电路，用户电路内线测试有三种测试方式：强行测试、用户电路退出忙状态后补测、不再补测。

② 外线测试。用户电路外线测试完成对用户板外的用户线路的性能和指标的测试功能。用户可以通过测试子系统向主机发出用户外线测试命令。可以一次指定一条用户电路进行外线测试，也可以一次指定多条用户电路进行外线测试，测试子系统将自动向主机发送测试命令。主机接收到测试命令后即通过测试通信板启动用户电路测试板，对相应用户电路进行外线测试。在硬件方面，进行用户电路外线测试时，处于测试状态电路的测试继电器将用户电路内线与外线断开，而将用户电路外线与测试板的外测试总线相连。此时，测试板充当用户电路内线的功能，从而对用户电路外线进行测试。

对于用户电路外线测试的返回结果，测试子系统进行智能定性判断。根据用户设定的边界值可判断出用户断线、单线地气、绝缘差、未挂机、未接话机、漏电、碰电力线、碰其他用户线等。

③ 系统单板测试。系统单板测试共对 23 种单板提供单板自检功能，如 MPU、EMA、BNET 板等。各智能单板在平时即可进行实时自检，一旦有故障将自动向终端发送告警信息。当测试系统向上列单板发出测试命令后，由各单板返回的测试结果可判断各单板的运行状态，进行故障定位。

（2）诊断测试

诊断测试是对指定的设备进行的诊断性测试，在怀疑某个设备故障或例测发现某个设备故障的情况下，可以通过相应的诊断命令来定位故障原因，以便及时排除故障。诊断测试主要包括用户设备诊断、交换设备诊断、信令设备诊断、中继设备诊断和其他的诊断测试。

5.2.2.2 例行测试的操作

（1）交换设备的例行测试

按照系统结构，将整个系统划分为 8 个子系统，分别为电源子系统、时钟子系统、交换网子系统、信令子系统、中继子系统、用户子系统、控制与通讯子系统和资源子系统。系统可以创建多个例测任务，一个例测任务可以包含一个或多个子系统，交换设备的例行测试包括如下命令：

① CRE RTEX：创建例测任务；

② MOD RTEX：修改例测任务；

③ MOD RTSSY：修改任务子系统属性；

④ RMV RTEX：删除例测任务；

⑤ LST RTEX：查询例测任务属性和状态；

⑥ STP RTEX：停止正在进行的例测任务；

⑦ LST RTEXRPT：查询例测报告；

⑧ STR RTEXI：立即进行交换设备的测试。

（2）用户端口的例行测试

系统提供了对用户线的例行测试功能。主要包括模拟和数字设备的内、外线测试。系统可以创建多个例测任务，每个测试任务可以完成对一批设备的测试，用户端口的例行测试主要包括如下命令：

① CRE RTST：创建例测任务；

② MOD RTST：修改例测任务；

③ RMV RTST：删除例测任务；

④ LST RTST：查询例测任务属性和状态；

⑤ STP RTST：停止正在进行的例测任务；

⑥ LST RTSTRPT：查询例测报告；

⑦ STR RTSTI：立即进行对用户端口设备的测试；

⑧ DEA RTST：暂停例测任务；

⑨ ACT RTST：恢复例测任务。

（3）创建用户端口例行测试任务的实例

① 外线测试。用户外线测试对用户电路外线测试，主要指对用户环路（外线）的各项性能或指标（如线间电容、电阻等）的测试，由此判断外线断线、短路等故障，为用户环路的维护提供参考依据。

示例：创建例测任务，对三号模块 100～200 号设备从每日 21 时开始进行模拟外线测试。

输入命令：CRE RTST：TSK＝1，SD＝1999&1&1，ED＝2000&1&1，ST＝21&0，TST＝LL，MN＝3，PSN＝100&&200，UTB＝RETEST，LTS＝FAST。

② 单板测试。单板测试的对象为交换机中的各种单板，被测的单板以"模块号"，"单板类型"，"板号"为标识。通过单板测试判断各单板的运行状态，以进行故障定位。

示例：创建例测任务，对三号模块 0 至 10 号 ASL 单板从每日 21 时开始进行单板测试。

输入命令：CRE RTST：TSK＝3，SD＝1999&1&1，ED＝2000&1&1，ST＝21&0，

TST＝BOARD，MN＝3，B＝0&&10，BT＝ASL。

③ TSS 自检。TSS 自检也就是用户测试设备的自检，为确保测试结果的可靠性，在进行其他测试之前请先进行 TSS 自检。

示例：创建例测任务，对 1 号模块 0 至 10 号 TSS 板从每日 21 时开始进行自检。

输入命令：CRE RTST：TSK＝4，SD＝1999&1&1，ED＝2000&1&1，ST＝21&0，TST＝TSD，MN＝1，TSS＝0&&10。

5.2.2.3　立即测试

立即测试是一类特殊的测试任务，立即测试是对指定设备的诊断性测试，要求尽快取得结果。因此当操作员将一条配置命令加入到立即测试任务后，系统立即生成执行命令开始测试，取得测试数据后立刻在终端显示出来。

（1）内线测试

示例：对 2 号模块 0&&10 号设备内线进行立即测试。

输入命令：ADD RTSTI：TST＝ASLI，MN＝2，PSN＝0&&10。

（2）TSS 测试通道测试自检

TSS 测试通道检测操作用于用户测试板的通道资源检测。TSS 板的测试通道分为两种：

① 内测试通道：用于模拟用户内线测试；

② 外测试通道：用于模拟用户外线测试。

示例：对 2 号模块 0 号 TSS 板 0 号内测通道进行测试。

输入命令：ADD RTSTI：TST＝TSSC，MN＝2，TSS＝0，TCT＝CC，TTSC＝0。

5.2.2.4　ISDN 数字用户测试

ISDN 数字用户测试功能包括三大部分：BRA 用户诊断测试、用户线测试和 BRA 端口转换。

（1）BRA 用户诊断测试

正常测试顺序如下：先进行激活测试，再进行其他项测试，最后进行去激活测试。注意：BRA 用户诊断测试时，最后一定要进行去激活测试。

示例：对 1 号模块 0 号设备进行 ISDN 用户诊断激活测试。

命令：STR BRADIAT：MN＝1，PSN＝0，OPT＝ACT，UTB＝NOTEST。

（2）用户线测试

用户线测试包括三部分内容：BRAOT 数字外线测试、用户外线测试和 BRAIT 数字内线测试。只有当 ISDN 用户诊断测试失败时才进行用户线的测试，否则直接进行 BRA 端口转换。

BRAOT 数字外线测试是对 NT1（NT2）及外线线路传输情况进行测试，查看外线线路及 NT1 的物理层是否正常。如果发现故障，则需对 NT1 及外线线路进行检修。BRAOT 数字外线测试的原理是由 TSS 板的电路充当内线，测试 ISDN BRA 外线（含 NT1、NT2 设备）是否完好。

示例：对数字用户 8888000 的数字外线开始立即测试，测试方式为补测。

命令：ADD RTSTI：TST＝BRAOT，DN＝K'8888000，UTB＝RETEST。

TST＝BRAOT 表示测试类别为数字外线测试。若测试结果为正常，外线无故障，再进行其他测试；若测试结果为异常，外线有故障，对用户外线（含用户终端）进行检修。

用户外线测试是对数字用户外线的电气特性进行测试，判别外线（含 NT1、NT2 设备）是否正常。

BRAIT 数字内线测试是对数字用户内线进行测试，查看内线的物理层是否正常。如果发现故障，则需对数字用户板进行检修。BRAIT 数字内线测试原理是由 TSS 板充当 NT1，测试 ISDN BRA 内线是否完好。

示例：对数字用户 8888000 的数字内线开始立即测试，测试方式为补测。

命令：ADD RTSTI：TST＝BRAIT，DN＝K'8888000，UTB＝RETEST。

若测试结果为正常：内线无故障；若测试结果为异常：内线有故障，对 DSL 板进行检修。

5.2.3　日常维护工作中的例行检查

5.2.3.1　各模块日常运行状况维护操作指导

检查交换设备的总体运行状态、模块间的通信情况和各模块运行状况，操作指导参考表 5-1。

表 5-1　各模块日常运行状况维护操作指导

运行状态维护项目	操作指导	参考标准
查询模块软件版本	在普通维护中输入"DSP EXVER"运行	正常情况下,在主界面上显示各模块的软件版本生成日期,否则为故障态
检查交换机时间	在普通维护中输入任一命令,如"DSP EXTM"运行。返回命令结果时,同时返回交换机时间	时间应与当前北京时间一致
查询模块运行状态	进入 GUI 维护终端系统,打开硬件配置状态面板,在窗口中观察每个模块中各单板的运行状态	应显示各单板的实际定义名称,单板运行正常时为绿色、蓝色或灰色。故障时为红色、黄色或紫色
查询 SM 模块 CPU 占用状态	在普通维护中输入"DSP CPUR"运行	正常情况时,应在系统正确反映 CPU 的占用情况
用户、中继功能单板的运行状态	进入 GUI 维护终端系统,打开硬件配置状态面板,对选择的单板单击右键,在弹出的菜单中选择"查询单板"	对每个用户、中继框进行抽测。在查询结果窗口显示的各个值域应该正常上报,对于模拟/数字用户端口状态应显示〔空闲〕或〔正忙〕,当其他状态如〔故障〕、〔锁定〕等时为非正常状态。对于数据用户端口如使用中的子速率通道其〔工作状态〕应为空闲或工作
查询半永久连接运行状态	在普通维护中输入"CHK SPC"运行	依次检查每条半永久连接的工作状态,正常时应显示半永久连接的 HW 号和 TS 时隙号,当前状态应处于连接中或空闲等,半永久连接异常时,查询异常原因

续表

运行状态维护项目	操作指导	参考标准
RSA 下的单板运行状态	进入 GUI 维护终端系统,单击"放大镜"图标进入板位状态界面,对选择的近端 RSA 单板单击右键,在弹出的菜单中选择"查询下级",进入下级板位界面进行单板查询	正常时单板颜色为灰色
查询 MPU 主控板的备份状态	进入 GUI 维护终端系统,在〔维护〕中单击"放大镜"图标,进入板位状态界面,对 MPU 单击鼠标右键查询状态	查询 MPU 应为备份状态
检查时钟参考源状态	对 32 模块,查看 CKS 时钟板的指示灯 F0 状态	正常情况下,F0 灯应为常灭,否则表示时钟参考源未接入或有故障
查询网板时钟同步状态	单击维护子系统的"放大镜"图标进入板位状态界面,查询网板时钟锁相状态	RSMII、SMII 下有时钟框时应锁相时钟框时钟,否则锁 DT8K 时钟;USM、UTM、RSM、TSM 时则锁相 OPT 时钟

5.2.3.2 日常环境监控维护操作指导

通过本维护操作来检查整个交换机系统的运行环境状态,及时掌握各项参数,从而排除隐患,保证系统运行在一个安全环境中,以降低设备的故障率,延长设备的使用周期。操作指导见表 5-2。

表 5-2 日常环境监控维护操作指导

环境监控维护项目	操作指导	参考指标
C&C08 交换机机房温度	测试值可采用温湿度检测计读数	15～30℃
C&C08 交换机机房湿度	测试值可采用温湿度检测计读数	40%～65%
远端模块 RSM、RSMII、SMII、RSA 运行环境检查	测试值可采用温湿度检测计读数(如远端无值班人员,则以月为周期进行检查)	室内温度 15～30℃ 湿度 40%～65%

5.2.3.3 计费日常维护操作指导

检查各模块计费正确情况。操作指导参考如表 5-3 所示。

表 5-3 计费日常维护操作指导

话单维护项目	操作指导	参考指标
查看话单池信息	在普通维护的命令行中输入相应命令,运行查询主机话单池信息命令,查询各模块主机话单池信息	有计费需求的模块都应有话单产生,并且可根据平时维护的经验值判断各模块话单数量是否正常
检查 BAM 取出话单的正确性	在普通维护的命令行中输入相应命令,从各模块主机话单池取出话单。对每个计费模块的当天话单进行随机抽检	详细话单的主、被叫号码、终止时间、通话时长均应正常;计次表的主叫号码、计次次数均应正常

话单维护项目	操作指导	参考指标
查询 BAM 上话单文件状态	在维护终端上通过网上邻居进入 BAM 中 D:/BILL 目录,查看各计费模块当天的话单文件 *.bil 的容量;查看是否存在 *.err 文件及该文件的大小	与上周同一天的 *.bil 文件相比,容量差别不应过大;如有 *.err 文件,其容量也应很小
检查 BAM 硬盘剩余空间	在维护终端上通过网上邻居进入 BAM,通过分别查看 F 盘和 D 盘属性,检查剩余空间	F 盘和 D 盘剩余空间要在 500M 以上

5.2.3.4　中继电路及信令链路日常维护操作指导

中继电路及信令链路日常维护操作指导操作指导可参考表 5-4。

表 5-4　中继电路及信令链路日常维护操作指导

7 号信令维护项目	操作指导	参考指标
观察 No.7 板(或 LPN7)上的指示灯状态	检查 No.7 板指示灯是否常亮	INT 灯、WR 灯、LP 灯常亮
	检查 LPN7 指示灯是否常亮	3~6 灯各表示一条链路,相应链路正常时灯常亮
检查 No.7 链路状态	在普通维护的命令行中输入相应命令,按目的信令点查询链路,分别选择各选项进行查询	正常时应为激活状态,不应有链路故障、阻断、拥塞等情况
查询 No.7 接口中所有的 2M 系统状态	在普通维护的命令行中输入相应命令,查询 7 号中继电路状态,选择 7 号中继系统的起止电路后进行查询	正常时电路状态应为空闲或忙
No.7 信令跟踪	在维护台的主界面中,在操作选项输入待跟踪的模块和该模块的 7 号链路号,启动跟踪	链路消息跟踪正常

5.2.3.5　时钟系统日常维护操作指导

时钟系统日常维护操作指导参考表 5-5。

表 5-5　时钟系统日常维护操作指导

时钟运行维护内容	操作指导	参考标准
检查时钟参考源状态	查看时钟框的 CKS 时钟板的指示灯 F0 状态	正常情况下,F0 灯应为常灭,否则表示时钟参考源未接入或有故障
查询网板时钟同步状态	单击维护子系统的"放大镜"图标,进入板位状态界面,查询网板时钟锁相状态	RSMII、SMII 下有时钟框时应锁相时钟框时钟,否则锁相 DT8K 时钟;USM、UTM、RSM、TSM 时则锁相 OPT 时钟

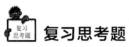

复习思考题

一、填空题

1. CPU 的运行状态分为_____、_____和_____三种。

2. 告警系统按输出途径可划分为三个部分:_____、_____和_____。

3. 告警系统按输入途径也可分为三部分:_____告警、_____告警和_____告警。

4. 环境告警是通过_____,把外部采集器收集的环境信息上报至主机,由主机做相应判断后,产生告警信息。

5. 告警板上各局点均有三个指示灯,分别显示_____、_____、_____。

6. 告警按类别分有三类:_____、_____和_____。

7. 告警级别用于标识一条告警的严重程度和重要性、紧迫性,分为四个级别:_____、_____、_____和_____。

8. &C08 数字程控交换机提供了较强的_____和诊断功能。

9. _____测试完成对模拟用户板内的用户电路的性能和指标的测试功能。

10. _____测试完成对用户板外的用户线路的性能和指标的测试功能。

二、选择题

1. TUP 是( )部分消息。

A. 信令网管理消息　　B. 电话用户　　C. 信令链路测试消息　　D. 信令连接与控制部分消息

2. NM 为 MTP ( )层消息。

A. 一　　　　　　　B. 二　　　　　　C. 三　　　　　　　　D. 四

3. 当 7 号链路不能正常定位或分析时断时续的原因时,需要选中以下( )内容。

A. MT　　　　　　B. SCCP　　　　　C. NM　　　　　　　　D. L2 _ CHANGE

4. ( )仅用于表示单板类故障。

A. 行列灯告警　　　　　　　　　B. 告警信息送告警箱

C. 告警信息送后台　　　　　　　D. 硬件故障告警

5. 告警板上各局点均有三个指示灯,其中重要故障告警指示灯的颜色是( )。

A. 红色　　　　　　B. 黄色　　　　　C. 蓝色　　　　　　　D. 绿色

三、判断题

1. 当产生故障告警与恢复告警时,就将相关灯状态实时更新。　　　　　　　　( )

2. 当单板故障的级别为三级时,绿灯亮。　　　　　　　　　　　　　　　　　( )

3. 若告警台登录成功,相应局点的告警灯变黄,告警数置零,随后告警灯与告警个数随告警台初始查询显示的改变而改变。　　　　　　　　　　　　　　　　　　　　( )

4. 故障告警是指故障设备或异常功能恢复正常时产生的告警。　　　　　　　　( )

5. 由交换机在运行时产生的一些告警组成的是软件运行告警。　　　　　　　　( )

四、简答题

1. 解释事件告警。

2. 简述测试系统的组成和基本原理。

3. 用户电路内线测试主要测试的用户电路功能有哪些?

4. 解释诊断测试的概念及主要内容。

5. 对 BAM 中各业务进程进行操作,有哪些操作注意事项? 若操作不当,会产生什么后果,应采取什么补救措施?

第6章

数据交换、软交换与光交换

本章概要

本章主要内容包括数据交换技术、软交换技术以及光交换技术。通过本章的学习，对现代交换技术有一个初步认识。

教学目标

1. 了解数据交换技术中数据通信、分组交换技术和帧中继的基本概念及特点
2. 了解软交换的基本概念、主要特点、功能、分层结构及其组网方案
3. 了解光交换技术的基本概念、光交换器件的基本知识及光交换网的分类

6.1 数据交换技术基本知识

6.1.1 数据通信概述

6.1.1.1 基本概念

数据是具有某种含义的数字信号的组合，如字母、数字和符号等。随着计算机的普及，人们对数据的理解也更加广泛，无论是文字、语音或图像，只要它们能用编码的方法形成各种代码的组合，都统称为数据。

数据通信就是按照通信协议，利用数据传输技术在功能单元之间传递数据信息，从而实现计算机与计算机、计算机与终端以及终端与终端之间的数据信息传递而产生的一种通信技术。

数据通信包含两方面内容：数据的传输和数据传输前后的处理，例如数据的集中、交换、控制等。数据传输是数据通信的基础，而数据传输前后的处理使数据的远距离交换得以实现。

6.1.1.2 数据通信系统的基本结构

数据通信系统由三大部分组成，即发送器、信道和接收器。在双向通信中，通信的每一

方都具有发送器和接收器，也就是说，通信的每一方都同时发送和接收数据。目前，使用较多的是采用 7 个部分的通用数据电路来概要一个终端 A 与终端 B 间的数据通信系统，如图 6-1 所示。

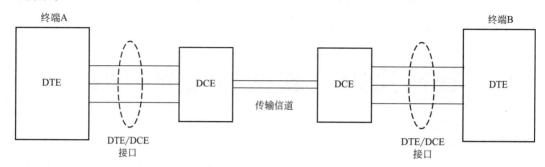

图 6-1　数据通信系统的 7 部分组成示意图

图 6-1 中，DTE 是数据终端设备；DCE 是数据电路终端设备；DTE/DCE 接口则分别位于 DTE 和 DCE 上。传输信道可以是模拟信道，也可以是数字信道。

在构成数据通信系统的 7 个部分中，DTE 可以是计算机终端，也可以是其他数据终端；DCE 在模拟技术体制下是调制解调器，而在数字技术体制下可以是数据业务单元。

DCE 和传输信道可以完成将数据从终端 A 传输到终端 B 的功能或者相反。通常，它们并不知道也不关心信息的内容。

DTE/DCE 接口由 DCE 和 DTE 内部的输入/输出电路以及连接它们的连接器和电缆组成。通常，接口遵从国际标准化组织（ISO）、国际电信联盟电信标准部（ITU-T）和美国电子工业协会（EIA）制定的标准（如 ITU-T 的 V 系列接口和 X 系列接口；EIA 的 RS-232 标准等）。

6.1.1.3　数据通信网的分类

可以从不同的角度对数据通信网进行分类。

（1）按服务范围分

广域网：广域网的服务范围通常为几十到几千千米，有时也称为远程网。

局域网：局域网通常限定在一个较小的区域之内，一般局限于一幢大楼或者建筑群，一个企业或一所学校，局域网的直径通常不超过数千米。对 LAN 来说，一幢楼内传输媒介可选双绞线、同轴电缆，建筑群之间可选光纤。

城域网：城域网的地理范围比局域网大，可跨越几个街区甚至整个城市，有时又称都市网。MAN（Metropolitan Area Network）可以为几个单位所拥有，也可以是一种公用设施，用来将多个 LAN 互连。对 MAN 来说，光纤是最好的传输媒介，可以满足 MAN 高速率、长距离的要求。

（2）按交换方式分类

按交换方式分类，有电路交换的数据通信网、分组交换网（又称 X.25 网）、帧中继网、异步传输模式 ATM 等。

还有多种分类方法，如按使用对象可分为公用网和专用网等。

6.1.1.4　数据通信网的交换方式

在信息传输方面，由于数据通信网与电话通信网相比，有它自己的特点（实时性要求不如电话通信网那样高），因而，在数据通信网中引入一些特殊的交换方式。

目前，数据通信网中可以采用的信息的交换方式有以下 3 类：电路交换方式、报文交换方式和分组交换方式。

6.1.2 分组交换技术

6.1.2.1 分组交换技术的基本概念及原理

（1）基本概念

分组交换技术是在计算机技术发展到一定程度，在传输线路质量不高、网络技术手段还较单一的情况下应运而生的一种交换技术。

分组交换也称包交换，它是将用户传送的数据划分成一定的长度，每个部分叫做一个分组。在每个分组的前面加上一个分组头，包含用于控制和选录的有关信息。分组交换在每个分组的前面加上一个分组头，用以指明该分组发往何地址，然后由交换机根据每个分组的地址标志，采用"存储-转发"、流量控制和差错控制技术，将它们转发至目的地，这一过程称为分组交换。

（2）工作原理

假设分组交换网有 3 个交换节点（分组交换机）和 4 个终端，其中 A 和 D 为一般（非分组）终端，B 和 C 为分组终端。图 6-2 表示了用户 A 向用户 C 以及用户 B 向用户 D 传送分组的过程。若用户 A 向用户 C 传送信息，其传送过程为：

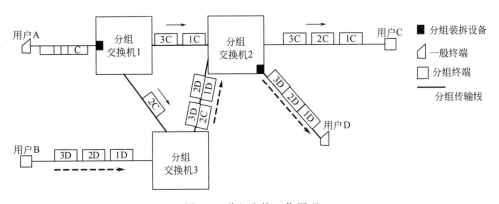

图 6-2　分组交换工作原理

由于用户 A 是一般终端，它的信息在分组交换机 1 中需经分组装拆设备（PAD）变成 3 个分组 1C、2C 和 3C；1C、3C 分组通过交换机 1、2 的传输线，而 2C 分组通过交换机 1、3 和 3、2 的传输线，这些分组在节点都要通过"存储-转发"操作，最后由目的分组交换机 2 将这些分组送给用户 C。由于用户 C 为分组型终端，因此分组到达目的分组交换机 2 后不必经过 PAD，而是直接将分组送给用户 C，由于用户 A 的信息到达用户 C 的过程中，分组在网络中通过路线不一致，排队等待时间长短不一，故分组到达目的终端前须重新排队。分组从 A 节点到达 C 节点通过多个路径，类似报文交换。

若 B 用户向 D 用户传送信息，其传送过程如下。

用户 B 是分组型终端，因此发送的数据已是分组型，在交换机中不必经过 PAD，而是由分组终端 B 将数据信息变成分组 1D、2D 和 3D，它们通过交换机 3、2 的传输线到达分组交换机 2，但由于目的终端 D 是一般终端，需要在交换机 2 中经过 PAD 将分组变成一般报文送给用户 D。分组从 B 节点到达 D 节点通过路径一致，类似电路交换。

由此可见，分组在分组网中传送时，由于每个分组包含有用于控制和选组作用的分组头，这些分组在网络中以"存储-转发"的方式在网络中传输。即每个节点首先对收到的分组进行暂存，检查分组在传输中有无差错，分析分组头中的有关选路信息，进行路由选择，并在选择的路由上进行排队，等到信道有空闲时，才向下一个节点或目的用户终端发送。

（3）分组交换技术特点

分组交换技术特点如下。

① 线路利用率高　分组交换以虚电路的形式进行信道的多路复用，实现资源共享，可在一条物理线路上提供多条逻辑信道，极大地提高线路的利用率，使传输费用明显下降。

② 互相通信

不同种类的终端可以相互通信：分组网以 X.25 协议向用户提供标准接口，数据以分组为单位在网络内存储转发，使不同速率终端，不同协议的设备经网络提供的协议变换功能后实现互相通信。信息传输可靠性高：在网络中每个分组进行传输时，在节点交换机之间采用差错校验与重发的功能，因而在网中传送的误码率大大降低。而且在网内发生故障时，网络中的路由机制会使分组自动地选择一条新的路由避开故障点，不会造成通信中断。

③ 分组多路通信　由于每个分组都包含有控制信息，所以分组型终端可以同时与多个用户终端进行通信，可把同一信息发送到不同用户。

④ 计费　网络计费按时长、信息量计费，与传输距离无关，特别适合那些非实时性、而通信量不大的用户。

6.1.2.2　分组交换的工作方式

一个分组从发送终端传送到接收终端，必须沿一定的路径经过分组交换网络。目前分组交换网采用两种方式通过网络向用户提供信息传送服务，一种是数据报方式，另一种是虚电路方式。

（1）数据报

在数据报方式中，分组被独立地对待，每一个分组都包含终点地址信息，彼此之间相互独立的寻找路径，同一份报文的不同分组可能沿着不同的路径到达终点。

数据报方式有如下特点：

① 数据报方式是一种无连接的工作方式，对于短报文（小数据量）的传输效率较高；

② 存在分组时序现象；

③ 分组头复杂，包含有目的终端地址，每个分组交换节点需要依次进行选路；

④ 对网络故障的适应能力强。

（2）虚电路

终端在收发数据之前，先在网络中建立一条逻辑连接，在通信过程中，用户数据按照顺序沿着该逻辑连接到达终点。注意虚电路指的是一条逻辑连接。同一条线路可能同时被多条虚电路使用。

分组交换网提供的虚电路交换方式有两种，一种是交换虚电路（SVC：Switch Virtual Circuit），又称为虚呼叫（Virtual Call），另一种是永久虚电路（PVC：Permanent Virtual

Circuit）。

① 交换虚电路方式是指虚电路只在通信过程中存在，在数据传送之前要建立逻辑的连接，也叫虚连接或虚电路，在数据传送结束后需要拆除虚连接。

② 永久虚电路方式是指在两个用户之间存在一条永久的虚连接（按用户预约，由网络运营管理者事先建好），不论用户之间是否在通信，这条虚连接都是存在的。用户之间若要通信，则直接进入数据传输阶段，如同专线一样，而不用经历虚电路的建立和拆除阶段。

在实际应用中，虚电路一般是指交换虚电路方式。

6.1.2.3 分组交换的基本业务

（1）业务定位

① 适用于银行、保险、证券、海关、税务、零售业营业网络互联；

② 集团公司、企业、事业单位的办公系统互联；

③ 民航、火车站等售票系统互联。

（2）应用场合

① 传输速率低，安全性高，可靠性高，允许一定时延的应用；

② 需要经常与不特定对象通信的用户；

③ 需要与不同类型，不同速率的终端设备通信的用户；

④ 通信量较少且通信时间较分散的用户；

⑤ 需要建立闭合用户群的用户。

6.1.2.4 分组交换机

分组交换机的体系结构与电路交换机基本相同，都是由交换单元、接口单元和控制单元组成的，但各个单元的具体构成、完成的功能和工作原理是有差异的。

① 交换单元 分组交换机基本功能和电路交换机交换单元的基本功能是一致的，就是把信息从某个输入端口送到某个输出端口。和电路交换机单元的差异在于：分组交换数据有突发性，在交换单元的输入端口和输出端口可能存在着消息队列，需要对信息进行缓冲存储；分组交换采用的是统计时分复用的方式，交换单元需要对分组头中的相应标识进行分析，并以此作为选路的依据，这与电路交换机根据时隙来决定选路是不同的。

② 接口单元 接口单元包括用户线路的接口单元和中继线路的接口单元。其功能包括：用户线的监视和控制、分组的组合与分解、差错控制、传输控制规程的控制等。

③ 控制单元 控制单元用于完成整个系统的控制工作，其功能包括：呼叫处理、流量控制、路由选择、系统配置等。控制单元的功能一般由软件来完成。

6.1.2.5 分组交换网

（1）分组交换网基本概念及特点

进行分组交换的通信网称为分组交换网。分组交换网具有以下特点：

① 分组交换具有多逻辑信道的功能，故中继线的电路利用率高；

② 可实现分组交换网上的不同码型、速率和规程之间的终端互通；

③ 由于分组交换具有差错检测和纠正的能力，故电路传送的误码率极小；

④ 分组交换的网络管理功能强。

（2）分组交换网的基本结构

分组交换数据网是由分组交换机、网络管理中心、远程集中器、用户终端设备、分组拆装设备以及传输设备等组成。分组交换网的基本结构如图 6-3 所示。

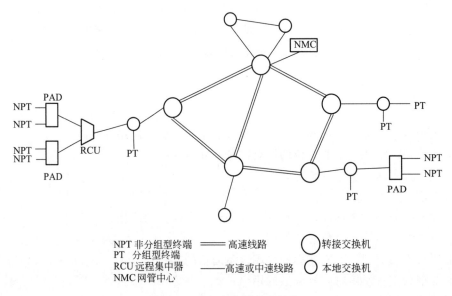

图 6-3　分组交换网基本结构

分组交换机是构成分组交换网的核心设备，根据分组交换机在网络中所处的位置，可将其分为汇接交换机和本地交换机。汇接交换机负责交换机之间的交互，其所有的端口都是中继端口，用于和其他交换机互连，主要提供路由选择和流量控制功能。

本地交换机主要负责与用户终端的交互，其大部分端口都是用户终端接口，并具有中继端口和其他交换机互连，它具有本地交换能力和简单的路由选择能力。

用户终端包括分组终端（PT）和非分组终端（NPT）。分组终端发送和接收的均是标准的分组，可以按照 X.25 协议直接与分组交换网进行交互。非分组终端是不能直接和 X.25 网交互的设备，它要通过分组装拆设备进行协议处理、数据格式转换、速率适配等操作才能接入到分组交换网。

分组装拆设备完成非分组终端 NPT 接入分组网的协议转换，主要包括规程转换功能和数据集中功能。

远程集中器可以将距离分组交换机较远的低速数据终端的数据集中起来，通过一条较高速的电路送往分组交换机，以提高电路利用率。远程集中器包含了部分 PAD 的功能，可支持非分组型终端接入分组交换网。

网络管理中心（NMC）的主要任务是进行网络管理、网络监督和运行记录等。目的是使网络达到较高的性能，保证网络安全，协调分组交换网的构建及和其他网的连接。

我国的公用分组数据交换网简称 CHINAPAC，由骨干网和地区网两级构成。骨干网使用加拿大北方电信公司的 DPN-100 分组交换机。由全国 31 个省市中心城市的交换中心组成，如图 6-4 所示。

骨干网以北京为国际出入口局，上海为辅助国际出入口局，广州为港澳地区出入口局。

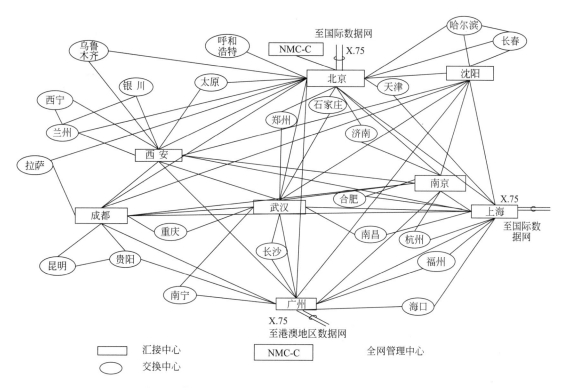

图 6-4　中国公用分组交换网（CHINAPAC）骨干网结构

注：1.各交换机之间采用内部规程；2.NMC 至网络采用 X.25 规程。

以北京、上海、沈阳、武汉、成都、西安、广州及南京等 8 个城市为汇接中心。汇接中心采用全网状结构，其他交换中心之间采用不完全网状结构。网内每个交换中心都有 2 个或 2 个以上不同汇接方向的中继电路，从而保证网路的可靠性。

地区网由各省、市地区内交换中心组成。各省、市骨干网交换中心与本省、市地区内各交换中心之间采用不完全网状连接，地区内每个交换中心可具有 2 个或 2 个以上不同方向的中继线。

各地的本地分组交换网也已延伸到了地、市、县，并且与中国公众计算机互联网（CHINANET），中国公用数字数据网（CHINADDN），帧中继网（CHINAFRN）等网络互连，以达到资源共享，优势互补。

分组交换网之间的互连是通过 X.75 协议来实现的，如图 6-5 所示。

分组交换网与局域网的互连如图 6-6 所示。

非分组型终端 NPT 经电话网接入分组网及呼叫建立过程示意图如图 6-7 所示。

分组交换网的应用主要有以下三种。

① 利用分组网实现数据业务的处理。如金融系统的通存通兑、电子汇兑、资金清算等；证券公司的行情发布；公安部门的户籍、身份证管理；海关、税务；零售业等。

② 利用分组网组建系统内部专网。分组交换网组网灵活、可靠性高、易于实施，适合不同机型、不同速率的客户通信，因此可以利用分组交换网来组建诸如集团公司、企业、事业等办公系统的互联等系统内部的各种专网。

③ 通过分组网接入数据通信的增值业务网，如电子信箱业务、国际计算机互联网业务等。

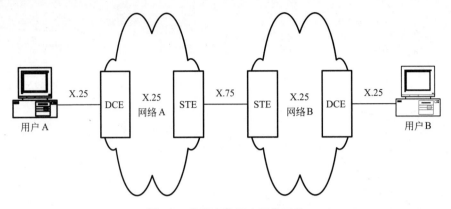

图 6-5　分组交换网之间的互连

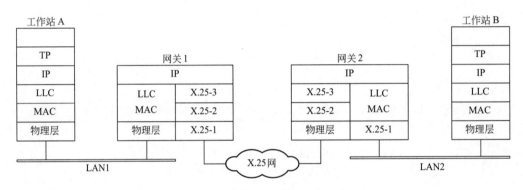

图 6-6　分组交换网与局域网的互连

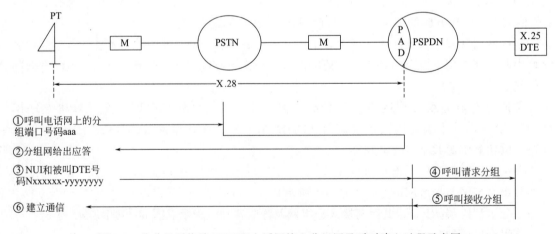

图 6-7　非分组型终端 NPT 经电话网接入分组网及呼叫建立过程示意图

6.1.3　帧中继

6.1.3.1　帧中继基本概念及特点

　　帧中继技术是一种面向连接、采用异步时分多路复用、以帧的形式来封装用户的数据以进行信息传输和交换的快速分组交换技术。帧中继具有如下特点：

① 是从综合业务数字网中发展起来的；

② 充分利用了当今光纤（误码率极低）和数字网络技术；

③ 能检错，但不纠错，靠高层协议进行差错校正；

④ 不进行流量控制，传输速度为 2.108Mbit/s 或更高；

⑤ 具有吞吐量大、时延小，适合突发性业务等特点，能充分利用网络资源；

⑥ 是一种面向连接的数据链路技术；

⑦ 以长度可变的帧为传输单位，不适合于传输诸如语音、电视等实时信息，它仅限于传输数据。

6.1.3.2　帧中继网的组成

帧中继网由三个部分组成：帧中继接入设备、帧中继交换设备和公用帧中继业务。

① 帧中继接入设备（FRAD）。帧中继接入设备可以是具有帧中继接口的任何类型的接入设备，如主机、路由器、分组交换机以及特殊的帧中继"PAD"等，通常采用 56Kbit/s、64Kbit/s 链路入网。电路两端传输设备的速率可以是不同的。

② 帧中继交换设备。帧中继交换设备有如下类型：帧中继交换机以及具有帧中继接口的分组交换机和其他复用设备等。这些设备的共同点是为用户提供标准帧中继接口。帧中继网络是以可变长的信息帧或固定长度的信元为单位实现网内传输的。

③ 公用帧中继业务。该业务提供者将通过公用帧中继网络提供帧中继业务。帧中继接入设备与专用帧中继设备之间可通过标准帧中继接口实现与公用帧中继网的互连。

帧中继业务是通过 UNI 提供的，UNI 的用户一侧是帧中继接入设备，用于将本地用户设备接入帧中继网络；UNI 的网络一侧是帧中继交换设备，用于帧中继接口与骨干网之间的连接。

6.1.3.3　帧中继的用户接入

用户可以采用直通用户电路接入帧中继网络，也可以通过电话交换 ISDN 或拨号交换电路接入。

① 二线/四线频带调制解调器传输方式。这种方式所支持的用户速率由线路长度、线路特性及所使用的调制解调器类型决定。目前最高速率可达 38.4Kbit/s，采用全双工工作方式。有些调制解调器具有复用分路功能，可为多个用户提供入网服务。这种方式适用于速率较低、距帧中继设备较远的用户。

② 基带传输方式。采用二线/四线全双工工作，用户速率通常为 16Kbit/s、32Kbit/s、64Kbit/s 或 128Kbit/s。有些基带传输设备还具有时分复用功能，可将低于 64Kbit/s 的子速率复用到 64Kbit/s 的数字通路上，为多个用户入网提供连接。在复用时需留出部分容量供网络管理用。

③ 2B+D 线路终端传输方式。采用 ISDN 数字环路技术，在一对双绞线上进行双向数字传输，可为多个用户提供入网。这种方式适用于距帧中继网络设备较近的用户。

④ ISDN 拨号接入方式。ISDN 用户可以通过拨号经 ISDN 网络接入到帧中继网络。

⑤ PCM 数字线路传输方式。用户可以利用光缆、微波等数字电路，占用一条或多条 2048Mbps 链路接入帧中继网。

⑥ 其他数字接入方式。用户可以采用 HDSL 或 ADSL 等数字传输设备接入帧中继网。

用户入网方式有如下几种。

① 局域网（LAN）用户接入形式。LAN 用户一般通过具有标准 UNI 接口的路由器接入帧中继网，还可通过其他的互连设备，如集中器、PAD、协议转换器等接入帧中继网。

② 终端用户接入形式。对于具有标准 UNI 接口的帧中继终端（FDTE）可直接接入帧中继网；对于非帧中继终端（NFDTE），如各类计算机要通过帧中继接入设备（FRAD）接入帧中继网，FRAD 负责将非标准的接口规程转换为标准的 UNI 接口规程，如图 6-8 所示。

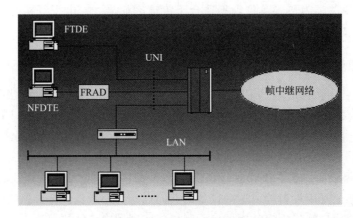

图 6-8　终端用户接入形式

③ 专用帧中继网接入公用帧中继网的方式。通常将专用网络中的一台交换机作为公用网络的用户，采用标准的 FR UNI 接口规程接入到公用网络。

6.1.3.4　帧中继的业务与应用

帧中继业务的应用十分广泛，下面是几个永久虚电路业务在实际中应用的典型例子。

（1）LAN 互连

利用帧中继网络进行 LAN 互连是帧中继业务最典型的一种应用。90％以上的用户采用这种方式接入帧中继网络，因为帧中继网络比较适合为 LAN 用户传送大量的突发性数据。

在许多大企业、政府部门中，其总部和各地分支机构所建立的 LAN 需要通过 WAN 互连，而 LAN 中往往会产生大量的突发数据来争用网络的带宽资源，如果采用帧中继技术进行互连的话，既可节省费用，又可充分利用网络资源。

帧中继网络在业务量少时，通过带宽的动态分配技术，允许某些用户利用其他用户的空闲带宽来传送其突发数据，实现带宽资源共享，从而降低了用户的通信费用。帧中继网络在业务量大甚至发生阻塞的情况下，由于每个用户都分配了网络所承诺的 QoS（如信息速率 CIR），因此网络将根据用户的传输优先级和公平性原则，把某些超过 CIR 的帧丢弃，并尽量保证未超过 CIR 的帧可靠地传送，从而使用户不会因阻塞造成数据不合理丢失。由此可见，帧中继网络非常适合为 LAN 用户提供网络互连服务。

（2）图像传送

帧中继网络具有高速率、低延时、低费用以及动态带宽分配等特点，非常适合传输图片和图像等多媒体信息，而传送这些信息需要很大的网络带宽。例如，在远程医疗系统中，传送一张普通的 X 光胸透照片需要占用 8Mbit/s 的带宽。如果采用分组交换网传送，则端到

端的延时过长，用户难以接受；如果采用电路
交换网传送，则通信费用太高，用户难以承
受；而帧中继网在网络延时和通信费用等方面
都可以被用户接受。图 6-9 所示为帧中继网络
在远程医疗系统的应用。

（3）虚拟专用网

虚拟专用网是一种逻辑网络，利用帧中继
网络的交换功能和管理软件可以将网络中的某
些节点设置成一个虚拟网，并由相对独立的管
理机构对虚拟网内的数据流量和各种资源进行
管理。虚拟网内的各个节点可以共享本虚拟网
内的网络资源，数据流量限制在本虚拟网内，

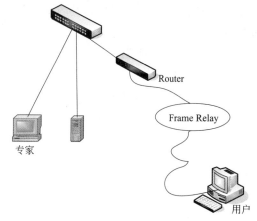

图 6-9　帧中继网络在远程医疗系统的应用

对虚拟网外的用户不产生任何影响，它不仅可以提高传输服务质量，而且也有利于信息传输的
安全保密性。采用虚拟专用网比建造一个实际的专用网要经济合算，尤其适合于大企业用户。

综上所述，帧中继是一种简化的分组交换技术，在保留传统分组交换技术优点（如带宽
和设备利用率）的同时，大幅度提高了网络的通过量，并减少了网络延时，比较适合于构造
专用或公用数据通信网。

6.1.3.5　帧中继网与其他网络的互通

（1）帧中继与帧交换之间的互通

帧中继与帧交换之间的互通由 I.555 建议规定。

（2）帧中继网与公用分组交换数据网（PSPDN）之间的互通

帧中继网与公用分组交换数据网（PSPDN）之间的互通由 I.555 建议规定。有三种可
能的实现方案：在 FRVC 和 X.25VC 之间通过呼叫控制映射实现互通；端口接入，FR 网络
提供一条帧中继连接，将 FR 终端接到 PSPDN 的入口；NNI 接入，FR 网络提供一条 PSP-
DN 内部接入通路。

（3）帧中继网与 ISDN 之间的互通

帧中继与 ISDN 之间的互通由 I.555 建议规定。

（4）帧中继网与 ATM 之间的互通

I.555 建议提供了三种互通方案：

① 两个帧中继网络经由 ATM 进行互连；

② 帧中继网络的用户与 ATM 中使用帧中继协议的终端互通；

③ 帧中继网络的用户与 ATM 中不使用帧中继协议的终端互通。

（5）帧中继网间互连

帧中继网间互连采用 I.372 建议。

6.1.4　ATM 交换

6.1.4.1　ATM 交换的基本概念

ATM 即异步传输模式（Asynchronous Transfer Mode）。按 ITU-T 的定义，它是指

"以信元为信息传输、复接和交换的基本单位的转送方式"，也就是说，使用信元是 ATM 的基本特征。

ATM 是一种面向连接的分组交换技术。当发送端想要和接收端通信时，它通过 UNI 发送一个连接请求信号，接收端通过网络收到该信号并同意建立连接后，建立起一条虚电路，通信双方需要传送的信息被拆装成固定长度的信元后便可以在这条虚电路上传送。

虚电路是用虚路径标示符（VPI）和虚通道标示符（VCI）表示的。虚电路建立的同时，虚电路上所有的中继点都会建立虚电路映射表。

6.1.4.2　ATM 交换技术特点

与分组交换和帧中继相比，ATM 具有如下技术特点。

① ATM 也采用统计时分复用技术，通过虚电路实现网络资源的动态按需分配。

② ATM 将信息分成固定长度的交换单元——信元。进行处理的信元的长度为 53 字节。使用信元头中的 5 个字节来表示虚通道和虚路径（VPI/VCI）、检测信元的正确性、表示信元的负载类型。由于采用固定信元的方式，可以使用硬件逻辑完成对信元的接收、识别、分类和交换，保证了 155～622Mbit/s 的高速通信。

③ ATM 网内不处理纠错重发、流量控制等一系列复杂的协议。

④ ATM 支持同步和非同步两种类型的业务。前者对于话音和视频至关重要，因为它在话音和视频通信中的定时直接影响到信息的完整性。

⑤ ATM 提供适配层（AAL）的功能，因而可以支持多种通信业务。不同类型的业务在该层被转换成标准的信元。

6.1.4.3　ATM 交换技术的基本业务

（1）ATM 网络业务

ATM 技术的最大特点是能够同时支持多种通信业务，业务分类如图 6-10 所示。

业务类型 A	业务类型 B	业务类型 C	业务类型 D
恒比特率	变比特率		
面向连接			无连接
通信双方时钟同步		通信双方时钟不同步	

图 6-10　AAL 业务分类

A 类业务：具有恒定的比特率，面向连接的实时信息传递业务，主要用于电路仿真。

B 类业务：具有可变的比特率，面向连接的实时信息传送业务，主要用于可变比特率的话音和视频传输。

C 类业务：具有可变的比特率，面向连接的非实时信息传送业务，主要用于面向连接的数据传输。

D 类业务：具有可变的比特率，面向非连接的非实时信息传送业务，主要用于面向非连接的数据传输。

（2）ATM 用户业务

常用的 ATM 用户业务有：LAN 互连、LAN 仿真、高速数据传输、宽带可视图文业务宽带可视电话、宽带会议电视、宽带电视分配业务、宽带 HDTV。

6.1.4.4 ATM 交换机

ATM 交换机是 ATM 网络的核心技术，其设计对 ATM 网络的性能起着决定性的作用。由于 B-ISDN 的业务范围非常广泛，为保证各种业务的 QoS，要求宽带交换机在功能上能实现多速率交换、多点交换和多种业务的交换。

ATM 交换机由输入模块（IM）、输出模块（OM）、信元交换机构（CSF）、控制模块（CM）和系统管理（SM）共五个部分组成，如图 6-11 所示。

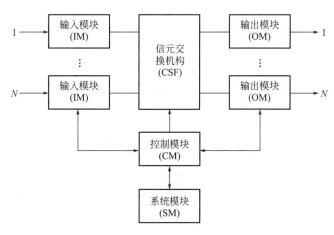

图 6-11 ATM 交换机的组成

（1）输入模块

输入模块将信元转换成为适合送入 ATM 交换单元的形式，包括信元定界、信元有效性检验、信元类型分离。因为输入线路上的信息流实际上是符合物理层接口信息格式的比特流，输入模块首先要将这些比特流分解成长度为 53 字节的信元。然后再检测信元的有效性，将空闲信元、未分配信元及信头出错的信元丢弃，最后根据有效信元信头中的 PTI 标志，将 OAM 信元送交控制模块处理，其他用户信息信元送信元交换机构进行交换。

（2）输出模块

输出模块完成与输入模块相反的处理，主要是将 ATM 交换机构输出的信元转换成适合在线路上传输的形式，把交换机构输出的信元流和控制模块输出的信元流以及相应的信令信元流复合，形成送往出线的特定形式比特流，并完成信息信元流速率和线路传输速率的适配。

（3）信元交换机构

信元交换机构是实际执行交换动作的实体，完成 ATM 信号交换的功能。根据路由选择信息，修改输入信元的 VPI/VCI 域的值，实现将输入信元送到指定输出线的目的。

（4）控制模块

控制模块对交换机构进行控制，主要功能是处理和翻译信令信息，完成虚通路 VC、虚通道 VP 连接的建立、释放及带宽的分配。

（5）系统管理

执行一切管理功能，以确保交换系统的正确和有效操作。主要包括物理层的操作和管理，ATM 层的操作和管理，交换单元的组织管理，交换数据的安全管理，交换资源的管理，通信管理，用户网的管理，网络管理的支持等。

6.1.4.5　ATM 网络构成

ATM 网络是网络拓扑结构，包括两种网络元素，即 ATM 端点和 ATM 交换机。ATM 端点就是在网络中能够产生或接收信元的源站或目的站。ATM 端点与 ATM 交换机相连。ATM 交换机与 ATM 交换机相连，构成 ATM 网络，如图 6-12 所示。

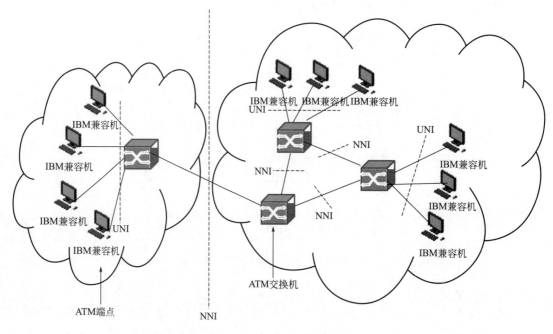

图 6-12　ATM 网络的构成

6.1.4.6　ATM 网中用户接入方式

（1）铜线接入

① 帧中继延伸接入。对于 ATM 网络暂时没有覆盖到的地区，可以通过帧中继网络进行延伸接入，用户端常用接口有 V.24、V.35、G.703 等，如图 6-13 所示。

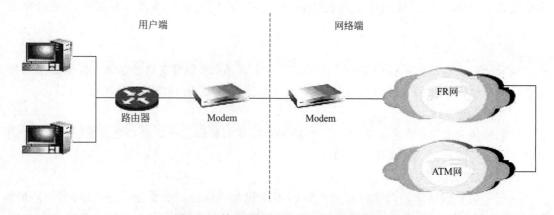

图 6-13　帧中继网与 ATM 网互连示意图

② XDSL＋专线接入。XDSL 是 ADSL（非对称的数字用户环路）、VDSL（对称的数字用户环路）、HDSL（对称的数字用户环路）等基于铜线的数字用户环路技术的总称。XDSL的接入范围可达 3～5km，用户侧通过 XDSL 设备，经过双绞铜线，可以采用较高速率接入ATM 网络。常用接口由 V.35、G.703 和以太网口等，如图 6-14 所示。

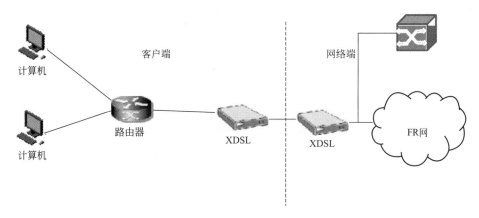

图 6-14　XDSL＋专线接入示意图

（2）光纤接入

对于距离较远（一般 4km 以外）或速率较高（2Mbit/s）或者链路可靠性要求高的用户，可以利用传输设备通过光纤连接，如图 6-15 所示。

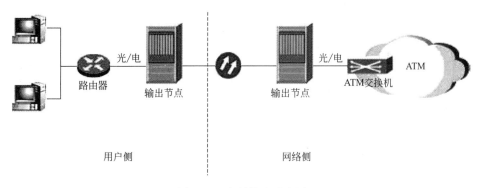

图 6-15　光纤接入示意图

6.1.5　IP 交换

6.1.5.1　IP 交换技术的基本概念及原理

（1）IP 交换技术的基本概念

IP 交换利用高带宽和低延迟优势，可以尽可能快地传送一个分组通过网络。IP 交换技术利用 IP 的智能化路由选择功能来控制 ATM 的交换过程，即根据通信流的特性来决定是进行路由选择还是进行交换。所以识别数据的特征是 IP 交换技术的基本功能。一个数据流就是一个从特定源机到特定目标机发送的 IP 数据包序列，它们使用相同的协议类型（如UDP 或 TCP）、服务类型和其他一些特性。

（2）IP 交换的工作原理

① 对默认信道上传来数据分组进行存储转发。在系统开始运行时，输入端口输入的业务流是封装在信元中的传统 IP 数据包，该信元通过默认通道传送到 IP 变换级，由 IP 变换控制器将信元中的信息重新组合成为 IP 数据分组，按照传统的 IP 选路方式在第三层上进行存储转发，在输出端口上再被拆成信元在默认通道上进行传送。同时，IP 交换控制器中的流分类识别软件对数据流进行判别，以确定采用何种技术进行传输。对于连续、业务量大的数据流，则建立 ATM 直通连接，进行 ATM 交换式传输；对于持续时间短、业务量小的数据流，则仍采用传统的 IP 存储转发方式。

② 要求上游节点在所分配的 VC 上传送分组。当需要建立 ATM 直通连接时，则从该数据流输入的端口上分配一个空闲的 VCI，并向上游节点发送 IFMP 的改向消息，通知上游节点将属于该流的 IP 数据分组在指定端口的 VC 上传送到 IP 交换机。上游 IP 交换机收到 IFMP 的改向消息后，开始把指定流的信元在相应 VC 上进行传送。

③ 从下游节点收到改向消息。在同一个 IP 交换网中，各个交换节点对流的判识方法是一致的，因此 IP 交换机也会收到下游节点要求建立 ATM 直通连接的 IFMP 改向消息，改向消息含有数据流标识和下游节点分配的 VCI。随后，IP 交换机将属于该数据流的信元在此 VC 上传送到下游节点。

④ 在 ATM 直通连接上传送分组。当 IP 交换机检测到流在输入端口指定的 VCI 上传送过来，并收到下游节点分配的 VCI 后，通过 GSMP 消息指示 ATM 控制器建立相应输入端口和输出端口 VCI 的连接，这样就建立起 ATM 直通连接，属于该数据流的信元就会在 ATM 连接上在 IP 交换机中转发。

6.1.5.2 IP 交换机

IP 交换机是 IP 交换的核心，它由 IP 交换控制器和 ATM 交换机构成，如图 6-16 所示。

IP 交换控制器是系统控制处理器。它上面运行了标准的 IP 选路软件和控制软件，其中控制软件主要包括流的判识软件、Ipsilon 流管理协议 IFMP 和通用交换机管理协议 GSMP。

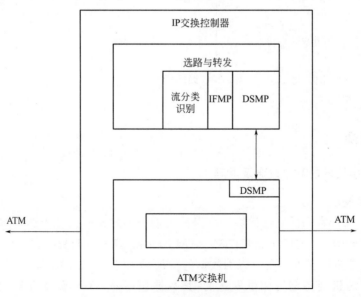

图 6-16 IP 交换机的结构

其中 Ipsilon 流管理协议（IFMP）是指 IP 交换节点之间的协议，用于 2 层标记（VCI）的分配。一个节点通过该协议通知相邻节点将某一标记与特定的 IP 流相关联。通用交换机管理协议（GSMP）是 IP 交换机内部 IP 交换控制器与 ATM 交换机之间的通信协议，用于 IP 交换控制器控制 ATM 交换机的工作。

流的判识软件用于判定数据流，以确定是采用 ATM 交换传输方式还是采用传统的 IP 传输方式。当 IP 交换机之间通信时，采用 IFMP 协议，用以 IP 交换机之间分发数据流标记，即传递分配标记（VCI）信息和将标记与特定 IP 流相关联的信息，从而实现基于流的第二层交换。在 IP 交换控制器和 ATM 交换机之间所使用的控制协议 GSMP 是一个主/从协议，以实现连接管理、端口管理、统计管理、配置管理和事件管理等。

6.2　软交换

6.2.1　软交换的基本概念

软交换技术是近年来发展起来的一种新兴技术，具有开放的网络体系结构，能支持不同类型的业务，是电路交换网向分组交换网演进的主流技术。随着通信技术的飞速发展，电信业务的种类在不断增加，如果每一种业务都对应于一种网络，那么网络数量也会随之不断增加。网络种类繁多必然会导致网络资源难以共享，而且资源利用率也随之降低，这也给网络间的互通加大了难度。运营商们非常希望能够用同一种网络来支持不同的业务，以达到业务的融合和网络的融合。而电信业的另一个发展趋势就是业务运营和网络运营相分离，软交换技术正是在这一背景下产生的。软交换是一种基于公共的分组承载网络，呼叫控制与承载相分离，业务控制与呼叫控制相分离，能够承载语音、数据和多媒体等多种业务的一种交换技术。

6.2.1.1　软交换的定义

软交换是一种基于软件的分布式交换和控制平台，基本含义就是将呼叫控制功能从媒体网关（传输层）中分离出来，通过软件实现基本呼叫控制功能，包括呼叫选路、管理控制、连接控制（建立会话、拆除会话）和信令互通（如从 SS7 到 IP），从而实现呼叫传输与呼叫控制的分离，为控制、交换和软件可编程功能建立分离的平面。其指导思想在于软件系统不但独立于所控制的硬件，而且与自身所运行的平台无关，依靠各种协议的互通进行工作，通过与业务控制点（scp）的配合来重用已有的业务，并允许用户通过应用编程接口（API）进行编程，以开发和创建新业务，从而使得独立软件商可以真正参与业务的开发和提供，有力推动现有通信网络向下一代分组网络的演进过程。

6.2.1.2　软交换的主要特点

（1）层次化的结构

基于软交换的网络体系采用层次化的结构，每一层与其他层次之间采用标准协议进行通信，从而提高了系统的稳定性。

（2）具有强大的业务能力

可以利用标准开放式应用平台为用户提供各种新业务和综合业务，包括语音、数据和多媒体等各种业务。强大的业务能力还不仅仅指业务的种类，更重要的是体现在业务提供的速度上，最大限度地满足用户的需求。

（3）高效性

软交换体系结构将应用层和控制层与核心承载网络完全分离，有利于最快、最有效地引入各种新业务，大大缩短了新业务的开发周期。

（4）多用户

软交换体系结构能够为语音用户、ADSL用户、移动用户等提供业务。

（5）设备的综合接入

软交换支持众多的协议（MGCP、H.248、H.323、SIP等），通过这些协议对设备进行统一管理，通过各种网关，允许设备的综合接入，从而最大限度地发挥网络性能。

（6）开放的网络体系结构

由于软交换"分离"思想使得网络功能部件化，各网络部件之间采用标准的协议进行通信，因此各个部件之间既能独立发展，又能互联互通。

6.2.1.3　软交换技术的功能

软交换是多种功能实体的集合，它提供综合业务的呼叫控制、连接和部分业务功能。是下一代电信网语音/数据/视频业务呼叫、控制、业务提供的核心设备。主要功能表现在以下几个方面。

（1）呼叫控制和处理

呼叫控制和处理功能是软交换的重要功能之一，可以说是整个网络的灵魂。具体提供下列功能：

① 为基本呼叫的建立、维持和释放提供控制功能，包括呼叫处理、连接控制、智能呼叫触发检出和资源控制等；

② 接收来自业务交换功能的监视请求，并对与呼叫相关的事件进行处理，接收来自业务交换的呼叫控制相关信息，支持呼叫的建立和监视；

③ 支持两方或多方呼叫控制功能，提供多方呼叫控制功能，包括多方呼叫特殊逻辑关系、呼叫成员的加入、退出、隔离、旁听和混音控制等；

④ 识别媒体网关的用户摘机、拨号和挂机等事件，控制媒体网关向用户发送音信号，如拨号音、振铃音、回铃音等，满足运营商的拨号计划。

（2）媒体网关接入能力

媒体网关功能是接入IP网络的一个端点/网络中继或几个端点的集合，它是分组网络和外部网络之间的接口设备，提供媒体流映射或代码转换的功能。

（3）协议功能

软交换是一种开放和多协议实体，采用标准协议与各种媒体网关、终端和网络进行通信。

（4）业务提供

在网络从电路交换向分组交换的演进过程中，软交换必须能够实现PSTN/ISDN交换机所提供的全部业务，包括：

① 提供PSTN/ISDN交换机业务，包括基本业务和补充业务；

② 可与现有智能网配合，提供现有智能网所能提供的业务；

③ 可与第三方合作，提供多种增值业务和智能业务。

（5）互通功能

① 可通过信令网关实现分组网与现有 7 号信令网的互通；

② 可通过信令网关与现有智能网互通，提供多种智能业务；

③ 允许 SCF 控制 VOIP 呼叫，并对呼叫信息进行操作（号码显示）等；

④ 可通过互通模块，实现与现有的 IP 电话网互通；

⑤ 可通过互通模块，采用 SIP 协议实现与 SIP 网络体系的互通；

⑥ 采用 SIP、BICC 协议，可实现与其他软交换的互通互连；

⑦ 可提供 IP 网内 H.248 终端、SIP 终端和 MGCP 终端之间互通。

（6）资源管理

软交换应提供资源管理功能，对系统中的各种资源进行集中管理，如资源的分配、释放、配置和控制，资源状态的检测，资源使用情况统计，设置资源的使用门限等。

（7）计费功能

软交换应具有采集详细话单和复式计次的功能，可根据运营需求将话单传送至计费中心。对于计费卡计费业务，具备实时断线功能。

（8）认证/授权

软交换应支持本地认证功能，可以对管辖区域内的用户、媒体网关进行认证和授权，以防止非法用户/设备的接入。同时，它应能够与认证中心连接，并可以将所管辖区域内的用户、媒体网关信息送往认证中心进行接入认证与授权，以防止非法用户、设备的接入。

（9）地址解析

软交换设备应可以完成 E.164 地址至 IP 地址、别名地址至 IP 地址的转换功能，同时也可以完成重定向的功能。

（10）语音处理

软交换设备可以控制媒体网关是否采用语音信号压缩，并提供可以选择的语音压缩算法，算法应至少包括 G.729、G.723.1 算法，可选 G.726 算法。同时，可以控制媒体网关是否采用回声抵消技术，并可对语音包缓存区的大小进行设置，以减少抖动对语音质量带来的影响。

6.2.2 软交换体系结构

软交换网络是一个分层的体系结构，由接入层、传输层、控制层和业务层组成，并且这 4 个功能层完全的分类，并利用一些具有开放接口的网络部件去构造各个功能层。因此，软交换系统是具有开放接口协议的网络部件的集合，如图 6-17 所示。

6.2.2.1 接入层

接入层提供各种用户终端，用户驻地网和传统通信网接入到核心网的网关。主要的设备如下。

（1）媒体网关

媒体网关为软交换系统中跨接在电路交换网和分组网之间的设备，位于网络的接入层，主要功能是实现媒体流的转换。根据网关电路侧接口的不同，分为中继网关和接入网关

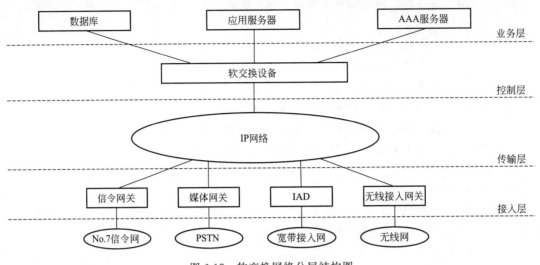

图 6-17 软交换网络分层结构图

两类。

总体来说，媒体网关提供的主要功能包括：

① 语音处理功能，包括语音信号的编解码、回声抑制、静音压缩、舒适噪声插入等；

② DTMF 生成和检测的功能；

③ 对非 SS7 信令的处理功能，如 V5.2，Q.931 等。

（2）信令网关

信令网关位于接入层，为跨接在 No.7 信令网和分组网之间的设备，负责对 SS7 信令消息进行转接、翻译或终结处理。在软交换系统中，信令网关有两种组网方式：代理信令点组网方式和信令转接点组网方式。在代理信令点方式下，信令网关与软交换以及媒体网关共享一个信令点编码，共同提供完整的信令点功能。在信令转接点方式下，信令网关和软交换分别分配不同的信令点编码，信令网关可提供完整的信令转接点功能。

（3）智能终端

软交换网络中可接入各种智能终端，如 SIP 终端、MGCP 终端、IAD 等。智能终端是指终端具有一定的智能性，引入智能终端的目的是为了开发新的业务和应用，正是有了相对智能的终端，才有可能实现用户个性化的需要。智能终端具有强大的业务支持能力，每个终端都需要拥有一个公用 IP 地址才能实现通信。

6.2.2.2 传输层

将信息格式转换成能够在核心网上传送的形式，各种媒体提供宽带传输通道，同时将信息选路到目的地。

6.2.2.3 控制层

控制层主要提供呼叫控制与处理功能和协议功能。软交换设备是软交换网络的核心元素，位于网络的控制层，负责为具有实时性要求的业务提供呼叫控制和连接控制，它的主要功能如下。

① 连接控制功能：通过 MGCP 或 H.248 协议，控制媒体网关、综合接入设备、

H. 248/MGCP 智能终端上媒体流的连接、建立和释放。

② 呼叫控制功能：通过 SIP 协议，控制 SIP 终端上呼叫的连接、建立和释放。

③ 业务交换功能：通过此功能，可实现软交换网络与现有智能网的互通，重用现有智能网的网络资源。

④ 路由功能：软交换可为其管辖区域内的呼叫提供路由服务，实现 E.164 地址与 IP 地址、别名地址与 IP 地址的转换。

⑤ 认证与授权功能：软交换可配合认证系统完成对用户的认证与鉴权。

⑥ 互通功能：通过软交换，可实现与其他系统的互通，以及软交换之间的互通。

6.2.2.4　业务层

业务层利用底层的各种资源，为用户提供丰富的网络业务和资源管理。应用服务器是软交换网络的重要功能组件，负责各种增值业务的逻辑产生及管理，网络运营商可以在应用服务器上提供开放的 API 接口，第三方业务开发商可通过此接口调用通信网络资源，开发新的应用。

6.2.3　软交换的组网方案

在软交换技术的应用中，根据接入方式的不同，可分为窄带和宽带两类组网方案，窄带组网方案为窄带用户提供语音业务，具体包括长途和本地两类方案；宽带组网方案主要为 DSL 和以太网用户提供语音以及其他增值业务解决方案。

6.2.3.1　窄带组网方案

所谓窄带组网方案，可以认为是利用软交换、网关设备替代现有的电话长途/汇接局和端局。它的网络组织中除了包含软交换设备，还涉及以下两类接入设备。

① 接入网关。是大型接入设备，提供 POTS、PRO/BRI、V5 等窄带接入，与软交换配合可以替代现有的电话端局。

② 中继网关。提供中继接入，可以与软交换以及信令网关配合替代现有的汇接/长途局。

由于窄带组网方案的实质是用软交换网络技术组建现有的电话网，所以提供的业务以传统的语音业务和智能业务为主，主要包括 PSTN 的基本业务和补充业务、ISDN 的基本业务和补充业务以及智能业务等。

6.2.3.2　宽带组网方案

所谓宽带组网方案，可以认为是利用软交换等设备为 IAD、智能终端用户提供业务。它的网络组中除了包含软交换等核心网络设备之外，更重要的是终端。

① IAD，可提供语音、数据、多媒体业务的综合接入，目前主要采用的技术有 VOIP 和 VODSL。VOIP 接入技术是指 IAD 的网络侧接口为以太网接口；VODSL 接入技术是指 IAD 的网络采用 DSL 接入方式，通过 DSLAM 接入网络中。IAD 可以根据端口容量的大小而提供不同的组网应用方式。对于小容量的 IAD（1 个 Z 接口和 1 个以太网接口），可以放置到最终用户的家中；对于中等容量的 IAD（一般为 5～6 个 Z 接口和 1 个以太网接口），可

以放置在小型的办公室；对于大容量的 IAD（一般为十几至几十个 Z 接口），可以放置在校区的楼道和大型的办公室。

② 智能终端，一般分为软终端和硬终端两种，包括 SIP 终端、H.323 终端和 MGCP 终端等。

宽带组网方案中的软交换网络除了可提供传统的语音业务之外，还可以提供新兴的语音与数据相结合的业务、多媒体业务以及通过 API 开发的业务。

针对不同的网络状况和业务需求，目前软交换应用主要集中在以下 4 个方面。

① 分组中继。针对用户数增加对汇接局、长途局容量需求激增以及传输宽带增加的情况，通过采用软交换技术构建分组中继叠加网络，利用媒体网关直接提供高速的分组数据接口，大大减少传输网络中低速交叉连接设备的数量，对语音进行静音抑制和语音压缩以及 AAL2/ATM 的可变速适配，降低了网络传输成本和宽带需求（可以节省 60％的传输资源），从而满足对现有的长途局和汇接局的扩容要求。

② 本地接入。在多种多样的接入方式条件下，例如 DSL、以太网、Cable、WLAN、双绞线等，采用软交换技术实现分组语音的本地接入，从某种意义上讲，它不仅完成了 Class5 端局的替代或新建，而且为终端用户提供了数据和语音的综合业务。

③ 多媒体业务。针对用户多媒体业务的需求，利用软交换技术，将各种应用服务器上的新业务在软交换设备的集中呼叫控制下，通过各种网关设备最终提供给广大终端用户，其中软交换直接控制着各种新业务的发放与实施，保证了业务在全网开展的积极性。

④ 3G 核心网。软交换技术不仅适用于固定网络，也适用于 3G 无线核心网中，实现呼叫控制与媒体承载的分离。

6.3　光交换

6.3.1　光交换基本知识

光交换是指直接将光信号交换到不同的输出端，完成光信号的交换传输。光交换具有以下几个特点。

① 光交换不涉及电信号，因此不会受到电子器件处理速度的制约，采用光纤传输，可以实现高速交换。

② 光交换根据波长来对信号进行路由和选路，与通信协议、数据格式和传输速率无关，可以实现透明的数据传输。

③ 光交换可以保证网络的稳定性，提供灵活的信息路由手段。

光交换可以分为光路光交换和分组光交换。光路光交换技术比较成熟；分组光交换由于技术的原因，目前还是采用电信号来控制，即电控交换。

光路光交换类似于现存的电路交换技术，根据交换对象的不同，它又可分为以下几种。

① 光时分交换，就是在时间轴上将复用的光信号的时间位置 t_1 转换成另一个时间位置 t_2。

② 光波分交换，就是将光信号直接从一个波长转移到另一个波长上。

③ 光空分交换，就是根据需要在两个或更多个点之间建立物理通道，通过改变光传输路径来完成交换。

④ 光码分交换，就是将某个正交码上的光信号交换到另一个正交码上，实现不同码之间的交换。

光路光交换很难按照用户的需求灵活地进行宽带的动态分配和资源的统计复用，而分组光交换弥补了这个缺点。分组光交换又可分为以下几种。

① 光组交换（OPS）。这种交换以光组作为最小的交换颗粒，其数据包的格式分为固定长度的光分组头、净荷和保护时间三部分。在交换系统的输入接口完成光分组的读取和同步功能，同时用光纤分束器将一小部分光分出，送入控制单元，用于完成光分组头的标识、恢复和净荷定位等功能。它采用光交换矩阵对经过同步的光分组选择路由，并解决输出端口竞争问题。

② 光突发交换（OBS）。这种交换的特点是将数据分组和控制分组独立传送，在时间和信道上进行分离，采用单向资源预留机制，以光突发作为最小的交换单元，能够很好地支持突发性的分组业务，提高资源分配的灵活性和资源的利用率。

③ 光标记分组交换（OMPLS）。也称为 GMPLS 或多协议波长交换。它是 MPLS 技术与光网络技术的结合。MPLS 是多层交换技术的最新进展，由 MPLS 控制平面完成标签分发机制，向下游各节点发送标签，标签对应相应的波长，由各节点的控制平面进行光开关的倒换控制，建立光通道。

6.3.2 光交换器件

光交换器件有光开关、光波长转换器和光存储器等。

6.3.2.1 光开关

光开关在光通信中的作用有 3 个：一是将某一光纤通道中的光信号切断或开通；二是将某波长光信号由一个光纤通道转换到另一个光纤通道中去；三是在同一光纤通道中将一种波长的光信号转换成另一种波长的光信号。

（1）半导体光开关

半导体光开关由半导体光放大器转换而来。半导体光放大器用来对输入的光信号进行放大，并且通过控制放大器的偏置信号来控制其放大倍数。当偏置信号为零时，输入的光信号被器件完全吸收，没有光信号输出；当偏置信号为某个定值时，输入的光信号会被放大输出。半导体光放大器只有一个输入端和一个输出端，常用作光开关，用于切换光路。半导体光放大器及等效开关如图 6-18 所示。

图 6-18　半导体光放大器及等效开关示意图

（2）耦合波导开关

耦合波导开关由一个控制端、两个输入端以及两个输出端构成。耦合波导光开关利用铁电体、化合物半导体、有机聚合物等材料的光电效应或吸收效应，以及硅材料的等离子体色散效应，在电场的作用下改变材料的折射率和光的相位，再利用光的干涉或偏振使光强突变或光路转变。这种开关是通过在光电材料的衬底上制作一对条形波导及一对电极构成的，其结构和开关等效逻辑表示如图 6-19 所示。

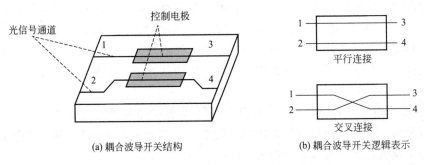

图 6-19　耦合波导光开关

（3）液晶光开关

液晶是介于液体与晶体之间的一种物质。一般的液体内部分子排列是无序的，而液晶既具有液体的流动性，其分子又按一定规律有序排列，呈现晶体的各向异性。当光通过液晶时，会产生偏振面旋转、双折射等效应。液晶分子是含有极性基团的极性分子，在电场作用下，偶极子会按电场方向取向，导致分子原有的排列方式发生变化，液晶的光学性质也随之发生改变，这种因外电场引起液晶光学性质的改变的现象称为液晶的光电效应。

液晶光开关一般由偏振光分束器、液晶和偏振光合束器三部分组成。由于液晶材料的电光系数是铌酸锂的百万倍，因而成为最有效的电光材料。液晶光开关没有可移动部分，所以其可靠性高。同时，液晶光开关还具有无偏振依赖性、驱动功率低等优点。在液晶光开关发展的初期有两个主要的制约因素，即切换速度和温度相关损耗。

液晶光开关利用液晶材料的电光效应，即用外电场控制液晶分子的取向而实现开关功能。偏振光经过未加电压的液晶后，其偏振态将发生 90°改变，而经过施加一定电压的液晶时，其偏振态将保持不变。液晶的种类很多，这里以常用的 TN（扭曲向列）型液晶为例，说明其工作原理。

液晶光开关的工作原理如图 6-20 所示。在液晶盒内通光的两端安置两块透明的电极。未加电场时，液晶分子沿电极平板方向排列，与液晶盒外的两块正交的偏振片 P 和 A 的偏振方向成 45°。P 为起偏片，A 为检偏片，如图 6-20（a）所示。入射光通过起光片 P 先变为线偏光，经过液晶后，分解成偏振方向相互垂直的左旋光和右旋光，两者的折射率不同，有一定相差，在盒内传播盒长距离 L 后，引起光的偏振面发生 90°旋转，因此不受检偏片 A 阻挡，器件为开启状态。当施加电场时，液晶分子平行于电场方向，因此液晶不影响光的偏振特性，此时光的折射率接近于零，处于关闭状态，如图 6-20 所示。撤去电场，由于液晶分子的弹性和表面作用，又恢复原开启状态。

（4）微电子机械光开关（MEMS）

MEMS 是由半导体材料构成的微机械结构，它的基本原理是通过静电的作用使活动的微镜面发生转动，从而改变输入光的传播方向。MEMS 有低损耗、低串扰、低偏振敏感性、

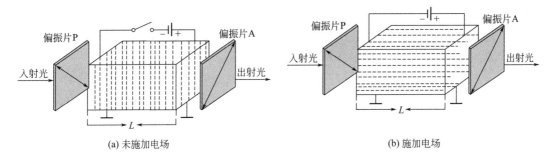

图 6-20 液晶光开关工作原理

高消光比、高开关速度、小体积、易于大规模集成等优点。基于 MEMS 光开关交换技术的解决方案已广泛应用于骨干网或大型交换网。

6.3.2.2 光调制器

在光纤通信中，通信信息由光波携带，光波就是载波，把信息加载到光波上的过程就是调制。光调制器是实现电信号到光信号转换的器件，也就是说，它是一种改变光束参量传输信息的器件，这些参量包括光波的振幅、频率、位相或偏振态。目前广泛使用的光纤通信系统均为强度调制直接检波系统，对光源进行强度调制的方法有直接调制和间接调制。

（1）直接调制

直接调制又称为内调制，即直接对光源进行调制，通过控制半导体激光器的注入电流的大小来改变激光器输出光波的强弱。传统的 PDH 和传输速率 2.5Gbit/s 以下的 SDH 系统使用的 LED 或 LD 光源基本上采用的都是这种调制方式。

直接调制方式的特点是输出功率正比于调制电流，具有结构简单、损耗小、成本低的特点，但由于调制电流的变化将引起激光器发光谐振腔的长度发生变化，引起发射激光的波长随着调制电流线性变化，它实际上是一种直接调制光源无法克服的波长（频率）抖动，拓宽了激光器发射光谱的带宽，使光源的光谱特性变坏，限制了系统的传输速率和距离。一般情况下，在常规 G.652 光纤上使用时，传输距离≤100km，传输速率≤2.5Gbit/s。

（2）间接调制

间接调制又称为外调制，即不直接调制光源，而是在光源的输出通路上外加调制器对光波进行调制，此调制器实际上起到一个开关的作用。其结构如图 6-21 所示。

恒定光源是一个连续发送固定波长和功率的高稳定光源，在发光的过程中，不受电调制信号的影响，光谱的谱线宽度维持在最小。光调制器对恒定光源发出的高稳定激光根据电调制信号以"允许"或者"禁止"通过的方式进行处理，而在调制过程中，对光波的频谱特性不会发生任何影响，保证了光谱的质量。

间接调制方式的激光器比较复杂、损耗大，而且造价也高，可以应用于传输速率≥2.5Gbit/s，传输距离超过 300km 以上的系统。

常用的外调制器有光电调制器、声光调制器和波

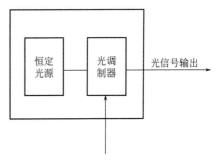

图 6-21 外调制器的结构

导调制器等。

光电调制器基本工作原理是晶体的线性电光效应，电光效应是指电场引起晶体折射率变化的现象，能够产生电光效应的晶体称为电光晶体。

声光调制器利用介质的声光效应制成。所谓声光效应，是声波在介质中传播时，介质受声波压强的作用而产生变化，这种变化使得介质的折射率发生变化，从而影响光波传输特性。

波导调制器将钛扩散到铌酸锂基底材料上，它具有体积小、重量轻、有利于光集成等优点。

6.3.2.3　光波长转换器

光波长转换器是一种用于光交换的器件。它是一种能把带有信号的光波从一个输入波长转换为另一个输出波长的器件，从而使波分多路和波分多址网络系统的容量大大提高，避免了波长竞争。例如，当不同地点的发射机向同一目的地以同一波长发送信号时，在很多节点的多个波长上交换的信号会发生冲突。直接的解决方法是将光通道转移至其他波长。波长转换器是解决相同波长争用同一个端口时引起信息阻塞的关键。理想的光波长转换器应具备较高的速率、较宽的波长转换范围、较大的信噪比以及消光比，且与偏振无关。

波长转换有两种方法：一种是直接转换，也就是光—电—光转换；另外一种是外调制间接转换。光波长转换器的结构示意图如图 6-22 所示。

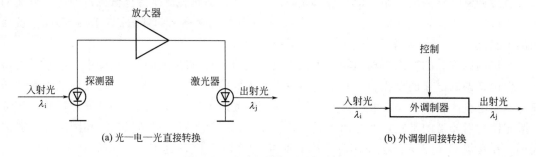

(a) 光—电—光直接转换　　　　　　　　(b) 外调制间接转换

图 6-22　光波长转换器结构示意图

直接转换是将波长为 λ_i 的输入光信号由光电探测器转变为电信号，然后再去驱动一个波长为 λ_j 的激光器，使得出射光信号的波长为 λ_j。直接转换利用了激光器的注入电流直接随承载信息的信号变化而变化的特性。少量电流的变化就可以调制激光器的波长。

外调制间接转换是在外调制器的控制端上施加适当的直流偏置电压，使得波长为 λ_i 的入射光被调制成波长为 λ_j 的出射光。

光波长转换器主要用来增加网络的传输带宽和传输距离，并大大降低网络扩容的成本。

6.3.2.4　光存储器

光存储器即光缓存器，是实现光信号的存储、进行光域时隙交换的器件。在电交换中，存储器是常用的存储电信号的器件；在光交换中，同样需要能实现光信号存储的器件，目前有光纤延迟线光存储器和双稳态激光二极管光存储器。

（1）光纤延迟线光存储器

光纤延迟线光存储器是利用光信号在光纤中传播时存在延时的特性工作的。光在长度不相同的光纤中传播，可得到时域上不同的信号，这就使光信号在光纤中得到了存储。N 路信号形成的光时分复用信号被送到 N 条光纤延迟线，这些光纤的长度依次相差 Δl，这个长度正好是系统时钟周期内光信号在光纤中传输的时间。N 路时分复用的信号要有 N 条延迟线，这样，在任何时间各光纤的输出端均包括一帧内所有 N 路信号，即间接地把信号存储一帧时间。

光纤延迟线光存储器是无源器件，比双稳态存储器稳定。它具有无源器件的所有特性，方法简单，成本低，对速率几乎无限制。而且它具有连续存储的特性，不受各比特之间的界限影响。其缺点是，它的长度固定，延时时间也就不可变，故其灵活性和实用性也就受到了限制。现已出现可改变存储时间的光存储器——可重入式光纤延迟线光存储器。

（2）双稳态激光二极管光存储器

双稳态激光二极管光存储器的原理是利用双稳态激光二极管对输入光信号的响应和保持特性存储光信号。双稳态半导体激光具有类似电子存储器的功能，即它可以存储数字光信号。光信号输入双稳态激光器中，当光强超过阈值时，由于激光器事先有适当偏置，可产生受激辐射，对输入光进行放大。其响应时间小于 10^{-9} s，以后即使去掉输入光，其发光状态已可以保持，直到有复位信号（可以是电脉冲复位或光脉冲复位）到来，才停止发光。由于以上所述两种状态（受激辐射状态和复位状态）都可保持，所以它具有双稳特性。

用双稳态激光二极管作为光存储器时，由于其光增益很高，可大大提高系统信噪比，并可进行脉冲整形。其缺点是，由于有源器件剩余载流子的影响，其反应时间使速率受到一定的限制。

6.3.3　光交换网

6.3.3.1　空分光交换网

空分光交换网是光交换方式中最简单的一种。它通过机械、电或光 3 种不同方式对光开关及相应的光开关阵列/矩阵进行控制，为光交换提供物理通道，使输入端的任一信道与输出端的任一信道相连。空分光交换网络的最基本单元是 2×2 的光交换模块，如图 6-23 所示，输入端有两根光纤，输出端也有两根光纤。它有两种工作状态：平衡状态和交叉状态。

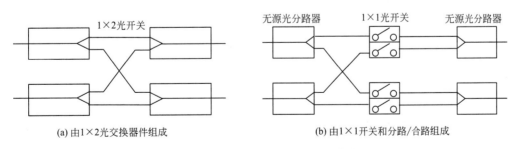

(a) 由1×2光交换器件组成　　　　　　　(b) 由1×1开关和分路/合路组成

图 6-23　基本的 2×2 空分光交换模块

空分光交换直接利用光的宽带特性，开关速度要求不高，所用光电器件少，交换网络易于实现，适合中小容量光交换机。

6.3.3.2 时分光交换网络

在电时分交换方式中，普遍采用电存储器作为交换的核心器件，通过输入控制或输出控制方式，把时分复用信号从一个时隙交换到另一个时隙。对于时分光交互，则是按时间顺序安排的各路光信号进入光时分交换网络后，在时间上进行存储或延迟，对时序有选择地进行重新安排后输出，即基于光时分复用中的时隙交换。

时隙交换离不开存储器，由于光存储器和光计算机还没有达到实用阶段，所以一般采用光延迟器件实现光存储器。

采用光延迟器件实现光时分交换的原理是：先把时分复用光信号通过光分路器分成多个单路光信号，然后让这些信号分别经过不同的光延迟器件，获得不同的时间延迟，再把这些信号经过光合路器重新复用起来。光分路器、光合路器和光延迟器件的工作都是在计算机的控制下进行的，可以按照交换的要求完成各路时隙的交换功能，也就是光时隙互换。

由时分光交换网络组成的光交换系统如图 6-24 所示。

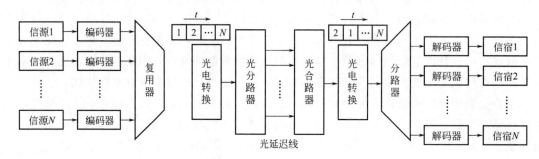

图 6-24 时分光交换系统

时分光交换的优点是能与现在广泛使用的时分数字通信体制相匹配。但它必须知道各路信号的比特率，另外需要产生短光脉冲的光源、光比特同步器、光延迟器件、光时分分路/合路器、高速光开关等，技术难度较空分光交换大。

6.3.3.3 波分光交换网络

波分复用技术在光传输系统中已得到广泛应用。一般来说，在光波复用系统中，其源端和目的端都采用相同的波长来传递信号。如果使用不同波长的终端进行通信，那么必须在每个终端上都具有各种不同波长的光源和接收器。为了适应光波分复用终端的相互通信而又不增加终端设备的复杂性，人们便设法在传输系统的中间节点上采用光波分交换。采用这样的技术，不仅可以满足光波分复用终端的互通，而且还能提高传输系统的资源利用率。

波分光交换是指光交换在网络节点中不经过光/电转换，直接将所携带的信息从一个波长转移到另一个波长上的交换方式。波分光交换网络是实现波分光交换的核心器件，可调波长滤波器和波长转换器是波分光交换的基本器件。实现波分光交换有两种结构：波长互换型和波长选择型。

（1）波长互换型

波长互换型光交换网络如图 6-25 所示。光波解复用器包括光分束器和可调波长滤波器，其中光分束器是采用熔拉锥技术或硅平面波导技术制成的耦合器，它的作用把输入的多波长

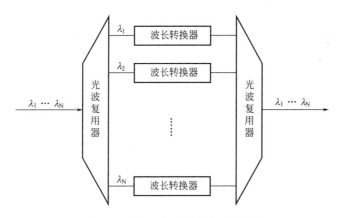

图 6-25　波长互换型光交换网络结构

光信号功率均匀地分配到输出端上。可调波长滤波器的作用是从输入的多路波分光信号中选出所需波长的光信号；波长转换器是将可调波长滤波器选出的光信号变换为适当的波长后复用在一起输出。

（2）波长选择型

波长选择型光交换网络如图 6-26 所示。与波长互换型光交换网络正好相反，它是从各个单路的光信号开始，先用各种不同波长的单频激光器，即波长变换激光器将各路输入光信号变成不同波长的输出光信号，经过采用铌酸锂的星形耦合器交换单元，然后再由各个输出通路上的可调波长滤波器选出各个单路的光信号输出。

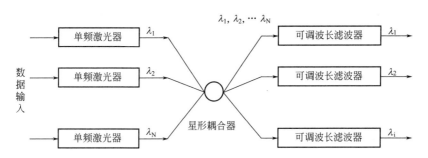

图 6-26　波长选择型光交换网络结构

6.3.4　光交换技术的发展

目前，光的电路交换技术已发展得较为成熟，进入实用化阶段。随着 Internet 的发展，当网络业务变得以 IP 为中心时，光领域的分组交换将具有明显的优点。光网络已经由过去的点到点光波分复用（WDM）链路发展到今天面向连接 OADM/OXC 和自动交换网络（ASON），再演进到下一代 DWDM 基础上宽带电路交换与分组交换融合的智能光网络。从技术发展趋势角度来看，WDM 技术将朝着更多的信道数、更高的信道速率和更密的信道间隔的方向发展。从应用角度看，光网络则朝着面向 IP 互联网、能融入更多业务、能进行灵活的资源配置和生存性更强的方向发展。光通信技术在基本实现了超高速、长距离、大容量的传送功能的基础上，将朝着智能化的传送方向发展。

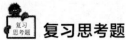 **复习思考题**

一、填空题

1. 数据通信系统由三大部分组成，即_____、_____和_____。

2. 数据通信网中可采用_____方式、报文交换方式和分组交换方式。

3. 分组交换网采用数据报和_____两种方式向用户提供信息传送服务。

4. 中国公用分组交换网中骨干网以_____为国际出入口局，上海为辅助国际出入口局，_____为港澳出入口局。_____、上海、_____、武汉、_____、_____及_____等8个城市为汇接中心。

5. ATM进行处理的信元的长度为_____字节。

6. _____是IP交换技术的基本功能。

二、选择题

1. 在帧中继网中，（　　）负责将非标准的接口规程转换为标准的UNI接口规程。

A. FRAD   B. HDLC   C. LAPD   D. LAPF

2. ATM支持（　　）业务。

A. 同步   B. 非同步   C. 同步和非同步   D. 一种通信

3. 电路仿真的比特率（　　），信息传递业务（　　）。

A. 恒定，实时   B. 非恒定，实时   C. 恒定，非实时   D. 非恒定，非实时

4. 在ATM技术中，一个物理通道中可以包含一定数量的虚通路（VP），虚通路的数量由信头中的（　　）。

A. VPI值决定   B. VCI值决定   C. CLP值决定   D. HEC值决定

5. 软交换能承载的业务有（　　）。

A. 语音   B. 数据   C. 多媒体   D. 以上均选

6. 实现光交换的设备是（　　）。

A. 程控交换机   B. 电子交叉设备   C. 路由器   D. 光交换机

7. 实现全光网络的基础是（　　）。

A. 交换单元   B. 交换网络   C. 光交换器件   D. 电子器件

8. 在全光交换网中，实现光信号的存储，进行光域时隙交换的器件是（　　）。

A. 光存储器   B. 光开关   C. 光调制器   D. 光交换机

三、判断题

1. 帧中继是一种面向连接的数据链路技术。　　　　　　　　　　　　　　　　　　（　　）

2. ATM网内不处理纠错重发、流量控制等一系列复杂的协议。　　　　　　　　　（　　）

3. 软交换支持众多的协议（MGCP、H.248、H.323、SIP等），通过这些协议对设备进行统一管理，通过各种网关，允许设备综合接入，从而最大限度地发挥网络性能。（　　）

4. 在采用ATM技术进行信息传递时，可采用面向连接和非面向连接两种方式。（　　）

5. ATM信元的交换只能在VP级进行。　　　　　　　　　　　　　　　　　　　　（　　）

四、简答题

1. 分组交换机和电路交换机单元的差异有哪些?

2. ATM 交换机的是由哪几个部分组成的?

3. ATM 技术有哪些特点?

4. ATM 交换技术中,"异步"指的是什么?

5. 一个信元中,VPI/VCI 的作用是什么?

◆ 参考文献 ◆

［1］ 叶敏.程控数字交换与现代通信网 ［M］.第2版.北京：北京邮电大学出版社， 2003.

［2］ 姚军，李传森.现代交换技术 ［M］.第2版.北京：北京大学出版社， 2013.

［3］ 卞佳丽.现代交换原理与通信网技术 ［M］.第2版.北京：北京邮电大学出版社， 2005.

［4］ 唐雄燕，庞韶敏.软交换网络 ［M］.北京：电子工业出版社， 2005.

［5］ 纪红.7号信令系统 ［M］.北京：人民邮电出版社， 1995.

［6］ 茅正冲，姚军.现代交换技术 ［M］.北京：北京大学出版社， 2006.

［7］ 陈永彬.现代交换原理与技术 ［M］.第2版.北京：人民邮电出版社， 2013.

［8］ 劳文薇.程控交换技术与设备.第2版.北京：电子工业出版社， 2008.

［9］ 尤克，黄静华.现代电信交换技术与通信网.北京：北京航空航天大学出版社， 2007.